Geschichtereiche Berge

Das Leben im Glacier-Nationalpark

Greg Beaumont

Writat

Diese Ausgabe erschien im Jahr 2024

ISBN: 9789359941462

Herausgegeben von
Writat
E-Mail: info@writat.com

Inhalt

Lied der hohen Gipfel

Wieder April und der Wind dreht sich über die Great Plains. Hohe und entschlossene Gänseschwaden begannen diesen Frühlingssturm, ihre Stimmen waren scharf wie der Morgenfrost. Sichelschnäbel schreien, um das Land zu erobern, Kanadakraniche kreisen und reden über ihnen, und überall schreien die Hirschkühe. Küchenschellen schieben den kahlen Boden beiseite und beginnen den Ansturm nach Westen, dem ich mich anschließen muss, um erneut den Anblick der Berge zu sehen.

Im Glacier National Park ist das Land gefaltet. Im Osten brechen Chief Mountain, Curly Bear und Rising Wolf den Einfluss der Prärie. Als die frühen französischen Pelzjäger diese Gipfel in der Ferne mit sommerlangem Schnee und ewigem Eis glitzern sahen, nannten sie diese Region „das Land der leuchtenden Berge". Trotz all des Eises und Schnees, das die Sommersonne reflektiert, sind die heutigen Gletscher des Parks im Vergleich zu den mächtigen Eisflüssen, die dieses Land geformt haben, nur Schneeflocken. Die Vereisung, der großartige Bildhauer, hat überall ihre kühnen Spuren hinterlassen, und dieser Park ehrt mit seinem Namen die Kraft, die ihn geformt hat.

Aber die eigentliche Aufregung dieses Landes ist mehr als eine Felswand, ein Turm und ein plötzlicher Sturm. Es wird Ihnen klar, wenn Sie erkennen, dass es sich hier um eine Ansammlung dramatisch unterschiedlicher Lebenszonen handelt, in denen Sie ein Tagesmarsch leicht von Prärie und Wald bis hin zu Baumgrenzen und Tundra führen kann; wo zwanzig Kilometer vom großen Präriemeer entfernt ein dichter Wald aus Rotzedern und Hemlocktannen existiert, der den Regenwäldern der Pazifikküste ähnelt.

Oder es kommt, wenn Sie entdecken, dass diese Berge – jung und scharf mit Schatten, schneebedeckt und frisch mit Wäldern bedeckt – aus den ältesten unveränderten Sedimentgesteinen der Erde gemeißelt sind.

Ich komme aus der Prärie und liebe ihre breiten Striche; Ich habe gelernt, den Gesang im Gras zu hören und zu sehen, wie diese langen, langsamen Jahreszeiten wie gleitende Falken über den ebenen Horizont aufsteigen. Aber hier lernte ich, meine Tage mit der wilden Erde zu vergleichen, und in mir wuchs das geheimnisvolle Bedürfnis, einen Berg von allen Seiten kennenzulernen. Berge, die die Morgendämmerung wie gelbe Hüte tragen, wiederholen sich in den benannten und namenlosen Seen. Berge, die die Stürme zwischen sich ausdehnen und Regenbögen von Bergrücken zu Bergrücken ausbalancieren.

Ich muss die geheimen Waldplätze noch einmal sehen, wo die hellblütigen Waldnymphen wie ein Hauch schweben, und die endlosen, blau gestrichenen Wiesen der Camas noch einmal kennen lernen.

Ich brauche die vollkommene Freiheit dieses Landes, um sagen zu können: *Heute werde ich Siyeh besteigen* : um eine Zeit lang auf den schroffen Schultern dieser aufrechten Erde zu stehen.

Der spitze Turm des kleinen Matterhorns und die breite Wand des Mt. Edwards ragen über der Going-to-the-Sun Road im oberen McDonald Valley auf. An warmen Frühlingstagen hallen die Täler des Parks vom Donner der Lawinen wider.

Zyklen und Jahreszeiten

Grundgestein: Die erste Geschichte

Auf dem Weg, der das Besucherzentrum Logan Pass mit dem Aussichtspunkt Hidden Lake verbindet, befindet sich ein flacher Teich. In der Nähe des Hidden Pass sammelt es sein Schmelzwasser aus der Kontinentalscheide und leitet es in die flache Schlucht hinunter, die die Hängenden Gärten entwässert. als Wasserfall stürzt er in das obere St. Mary Valley, wo er zum Reynolds Creek wird; Gemeinsam mit anderen Nebenflüssen setzt er seine lange Reise in Richtung Hudson Bay fort.

Die Oberfläche dieses Teiches ist selten ruhig, denn der Wind behandelt ihn wie ein Meer. Da das Wasser flach ist, formt die Wellenbewegung den Bodenschlamm in Wellenmuster und ahmt die aufgewühlten Wellen nach.

Ich komme gerne früh morgens hierher. Manchmal, wenn ich ankomme, bevor der Wind erwacht, erhasche ich Spiegelungen der umliegenden Berge. Hinter der niedrigen Bank des Logan Pass beginnt die Gartenmauer, die mit der Wasserscheide nach Norden verläuft. Im östlichen Tal kauert der steile Gipfel von Going-to-the-Sun im Morgenlicht wie ein angespannter Krieger. Im Süden ragt der Schneidezahn Bearhat , ein wunderschöner Wolkenschneider des Hidden Lake Valley, über den nahegelegenen Sattel des Passes. Aber über diesem Ort ragen die Klippen von Clements und die Reynolds-Pyramide als frische Denkmäler einer Eiszeit empor.

Ich sitze auf einem Keil aus rotem Fels. Seine Oberfläche weist ein Faltenmuster auf, das mit den Wellen im weichen Schlamm des flachen Teichs identisch ist. Die Entfernung ist nicht groß; Mit einem Stock konnte ich den Schlamm ausstrecken und berühren. Doch dies stellt eine Kluft dar, über die kein Vogel hinwegfliegen kann, denn zwischen den Wellen dieses Felsens und den Wellen dieses Schlamms liegen Milliarden verschwundener Morgen, eine Konstellation von Jahren.

Diese roten, grünen, braunen, weißen, schwarzen und violetten Gesteinsbänder, die die Gletscherberge überziehen, sind die ältesten unveränderten Sedimentgesteine der Erde. Sie wurden im Präkambrium, vor mehr als einer Milliarde Jahren, als das Leben gerade erst begann, als Ablagerungen eines Binnenmeeres abgelagert.

Über Millionen von Jahren wurden Sand, Schlamm und Karbonate in das Urmeer gespült, die unteren Schichten zu Tonsteinen und Kalksteinen komprimiert und eine Sedimentdicke aufgebaut, die bis zu 10.000 Meter betragen konnte (siehe *Tabelle* zur metrischen Umrechnung auf Seite 136).

Wenn wir die scharfen Konturen der Glacier-Berge betrachten, sehen wir die Anzeichen von Hebung, Überschiebung und Vereisung. Aber auf der geologischen Uhr sind dies aktuelle Ereignisse, die nur einen Wimpernschlag zurückliegen. Die meisten Jahre lagen die Felsen ungestört und eben unter dem Meer und dem Land.

Um die enorme Zeitskala , die diese Gesteine darstellen, besser zu verstehen, brauchen wir eine Möglichkeit, die riesige Ansammlung von Jahren zu visualisieren. Wenn wir diese geologischen Ereignisse verfilmen würden, müssten wir zunächst bestimmen, wie viele Jahre jede Minute darstellen soll. Da das Pleistozän etwa 3.000.000 Jahre dauerte (seine vier Eiszeiten formten den heutigen Muskel dieses Landes), lassen Sie uns jede Minute eine Million Jahre darstellen. Um diese Gesteine zu dokumentieren, benötigen wir dann einen Film von 60 Stunden Länge!

Erst in der siebenundfünfzigsten Stunde unseres Films wird sich das mesozoische Tiefland mit der kommenden Rocky-Mountain-Kette ausdehnen. In den langen Stunden zuvor hätten wir kaum etwas anderes als das Meer gesehen – sich zurückziehend, vorrückend, tief und flach; gelb, grün und braun mit großen Algenkolonien. Unsichtbar unter Wasser ergoss sich gelegentlich Lava auf den Meeresboden; Einst drang es zwischen die darunter liegenden Gesteinsschichten ein und bildete das auffällige, 60 Meter dicke Band aus schwarzem Diorit, das wir heute an vielen Bergwänden in Glacier sehen.

Während dieser Zeit des anfänglichen Aufschwungs vollzieht sich tief unter der Erde ein erstaunlicher Prozess. Es ist eine große Verwerfung entstanden, die die gewölbten Gesteinsschichten aufgebrochen hat. Eine riesige Gebirgsplatte beginnt nach Osten zu gleiten, überdeckt und überschwemmt die Gesteinsschichten im Osten und öffnet den breiten Graben, der heute das North Fork Valley ist. Diese gigantische Erdkraft, bekannt als Lewis Overthrust, hat eine ungewöhnliche Situation geschaffen: alte Gesteinsschichten liegen auf neueren Gesteinsschichten.

Jetzt sind weniger als 3 Minuten Film übrig. Die Ankunft des Eises steht unmittelbar bevor. Wir betrachten die Landschaft aus eintönigen Bergen und wundern uns über den dramatischen Unterschied, den die letzten 3 Millionen Jahre bewirken werden. Wir sehen nicht die vertrauten Wälder und Seen, die wilden Gipfel und die breiten, tiefen Täler dieses gegenwärtigen Landes. Diese Berge sind sanft, trocken und flachtäler. Die vagen Umrisse sind da; Wir erkennen die allgemeine Ausrichtung der Entwässerungssysteme, die aufgeblähten Kuppeln, aus denen scharfe Spitzen herausgeschnitten werden. Die Berge sind durch stumpfe Grate und glatte Sättel miteinander verbunden und die Schatten, die sie werfen, sind matt und dünenartig.

Plötzlich ist das Eis da und füllt die Landschaft, nur noch die Berggipfel ragen hervor. Viermal in den letzten drei Minuten des Films rücken die Eisschilde vor und zurück und hinterlassen jedes Mal eine veränderte Landschaft. Seltsame Seen und Wälder füllen die Lücken zwischen den Gletschereinbrüchen. Dann sehen wir, wie die Berge, die wir heute kennen, schnell entstehen, als würde das Land mit riesigen Hackmessern in Form gehackt.

Nach diesem Aufflackern der pleistozänen Zeit endet der Film, die Wälder kehren zurück und vertraute Seen leuchten wieder unter der Sonne – diese Seen und Wälder, die wir für zeitlos gehalten hatten.

■

Der Morgenwind weht vom Hidden Valley herauf, lässt die nahegelegenen alpinen Tannenzweige flitzen und zerschmettert das perfekte Spiegelbild des Bearhat Peak auf dem Teich. Von meinem Platz aus ist es nicht weit bis zum Hidden Pass; Also verlasse ich den Teich und gehe zum Aussichtspunkt, um noch einmal das schöne Becken zu sehen, das von einem alten Gletscher ausgegraben wurde.

Der versteckte See, tief, weit unten, so blau, passt wie ein polierter Bumerang in sein steiles , krummes Tal. Eng umgeben von Bergrücken und Gipfeln – der ferne Sperry-Gletscher und der spitze Gunsight, der aus dem südlichen Durcheinander hervorschaut, und der breite Bearhat , der unglaublich nah ist – geht dieser schöne See inmitten solch scharfer Felsformationen fast verloren. Seine Auslassschlucht bietet einen engen Blick über die verwinkelten, versteckten Täler von Avalanche und McDonald, vorbei an der Pyramide von Stanton, bis zu den niedrigen, fernen Hügeln der Whitefish Range.

Die Vereisung ist ein grausamer Herr über die Berge, sie gräbt sich tief in ihre Masse ein und hinterlässt schiere, spektakuläre Konturen, wenn die Gletscher verschwinden. Die Landschaftsformen hier zeugen von ihrer Macht und zeigen überall die Auswirkungen der Vereisung.

fraßen die Bergwand zurück und bildeten runde Vertiefungen, sogenannte Kare. Im Gegensatz zu den schmalen Spalten, die das fließende Wasser hinterlässt, sehen diese breiten, tiefen Becken so aus, als wären sie von Eisportionierern entstanden, die in den Fels gegraben wurden. Versteckt liegen die Ptarmigan-, Iceberg- und Avalanche-Seen in gut entwickelten Talkesseln, und viele Berge sind von den Anfängen anderer Talkessel durchzogen – zum Beispiel das auffällige Amphitheater auf der Südschulter des Heaven's Peak.

Gletscher, die alle wichtigen Entwässerungssysteme bedeckten, veränderten die Kontur der Täler und verwandelten sie von ihren schmalen, von Flüssen durchschnittenen V-Formen in breite U-Formen. In diese breiten Haupttäler stürzen Wasserfälle aus höheren, kleineren Tälern. Fließende Gletscher haben wie Flüsse Zuflüsse. Da ihnen die Eismasse und die Schneidkraft der Hauptgletscher fehlten, konnten sich diese Nebeneisfinger nicht so tief in das Grundgestein eingraben. Als das Eis schmolz, blieben hängende Täler hoch über dem Haupttalboden zurück. Hidden Lake liegt in einem dieser hängenden Täler und von dort stürzt Hidden Creek 750 Meter in das Avalanche Basin in Richtung McDonald Creek ab.

Bei meinen vielen früheren Besuchen an diesem Pass war ich zu sehr damit beschäftigt, die Wildblumen, das Wetter oder die Landschaft zu genießen, um zu erkennen, was für ein offenes Lehrbuch der Vergletscherung überall ausgestellt ist.

Ich stehe hier auf einem kleinen Passsattel. Wo Gletscher aufeinandertrafen, entstanden Pässe oder Pässe. Ein hoher, gekerbter Pass wie dieser (oder Swiftcurrent oder Gunsight) offenbart aktuelle Zusammenhänge. Es entstanden breite, niedrigere Pässe wie Logan, wo das Eis schon früh den Bergrücken überflutete und eine Chance hatte, länger zu wirken.

Wo zwei Gletscher auf gegenüberliegenden Seiten eines Bergrückens arbeiteten und sich nicht trafen, bildeten sie einen Grat – einen dünnen, steilwandigen Überrest, der einem Sägeblatt ähnelte. Eine weitere Eiszeit würde wahrscheinlich die vielen dünnen Grate des Parks wie die Garden Wall und die Ptarmigan Wall verschlingen; aber es würden auch neue aus bestehenden Graten entstehen.

Ein weiterer Beweis für die formende Kraft des Eises ist der Mt. Reynolds, der im Osten aufragt. Das dramatischste Merkmal einer vergletscherten Landschaft ist der pyramidenförmige Berg Horn – und Reynolds ist ein perfektes Beispiel. Hörner entstanden, als drei oder mehr Gletscher den Berg umhüllten, seine Seiten zum Kern hin ausgruben und seine ursprüngliche Kuppelform nach und nach in einen steilen Gipfel verwandelten. Glacier hat viele bemerkenswerte Hörner, vom schlanken Turm von St. Nicholas im Süden bis zum exquisiten Kinnerly im nördlichen Kintla -Tal.

Sperry Glacier starrt mich von der Flanke von Gunsight aus an. Die heute im Park gefundenen Gletscher sind keine Überreste der letzten Eisphase, die hier vor etwa 8.000 Jahren endete, sondern sind neu entstanden und entstanden vor etwa 4.000 Jahren. Sie spiegeln einen Abkühlungstrend im gegenwärtigen Klima wider.

Diese modernen Gletscher schrumpften seit ihrer größten Ausdehnung in der Mitte des letzten Jahrhunderts stetig, stabilisierten sich schließlich Ende der 1940er Jahre und verzeichneten seitdem nur eine geringfügige Flächenvergrößerung.

Bewegung unterscheidet Gletscher von Eisfeldern, und die Bewegung des Eises ist sowohl eine Kraft als auch ein Merkmal einer Landschaft. Ein Gletscher gräbt ab, indem er das Gestein abschleift und zerreißt. Abwechselnd schmilzt und gefriert das Eis an den Kopfwänden und reißt Felsblöcke heraus. Letztendlich werden die Steine als Moränenschutt an den Seiten oder am Fuß des Gletschers abgelagert. Doch während sie sich im Griff des Eises bewegen, reiben sie ständig die Felsoberflächen ab, auf die sie stoßen. Polierte Gesteinsschichten vergangener Gletscher weisen Streifen auf – Rillen, die von im sich bewegenden Eis eingebetteten Gesteinsfragmenten ausgehöhlt wurden.

Die Fließgeschwindigkeit eines Gletschers hängt von der Dicke des Eises und dem Grad der Neigung ab. Unter enormem Druck wird Eis plastisch, wie dicker Toffee. Im Gegensatz zu kilometerdicken Kontinentalgletschern, die sich pro Tag um hundert Meter bewegen können, bewegen sich kleine Alpengletscher selten um mehr als zwei bis drei Zentimeter pro Tag.

Obwohl sich ein Gletscher bewegt, kommt er nicht weiter, wenn er sich im Gleichgewichtszustand befindet – wenn das jährliche Abschmelzen der jährlichen Akkumulation entspricht. Die an der sonnengeschützten Kopfwand gewonnene Schneemasse geht normalerweise als Schmelze an der freiliegenden Schneeschnauze verloren. Auch Gletscher wie Sexton oder Weasel Collar, deren Schnauzen auf Felskanten sitzen, verlieren durch Kalben an Masse. Der Donner , den man an einem Spätsommertag in der Nähe eines solchen Gletschers hört, könnte in Wirklichkeit das Geräusch von Eis sein, das von der Kante einer Klippe abgestoßen wird.

Als ich zurück zum Besucherzentrum gehe, bleibe ich plötzlich dort stehen, wo der Weg an der steilen Moräne des Mt. Clements vorbeiführt. Von der gegenüberliegenden Seite der Moräne sind fünf Bergziegen aufgetaucht. Als sie mich unten auf dem Weg entdecken, bleiben sie ebenfalls stehen. Doch bevor ich zu meiner Kamera gelangen kann , galoppieren sie mit steifen Beinen im Gänsemarsch über den Moränenkamm bis zur fernen, sicheren Bergwand.

Moränen sind Grate aus Gesteinsschutt, die entlang der Ränder und Enden von Gletschern aufgetürmt sind. Wie ein Armband, das an der Wand dieses Berges liegt, markiert der Kreis aus steil aufgetürmten Trümmern die Ausdehnung eines kleinen, kürzlich verschwundenen Gletschers. Unter den Mauern der Moräne liegt ein stagnierendes Eisfeld, ein Geist der Macht, die einst hier herrschte. Die jüngste Ansammlung dieser Gesteinsfragmente ist eine gewaltige Leistung und zeugt von der Kraft der Eisbewegung.

Fortsetzung auf S. 38

Die Gletscherberge

Glacier liegt auf der Kontinentalscheide in den nördlichen Rocky Mountains und ist vor allem ein Bergpark. Die besondere Schönheit seiner Seen, Bäche und Wälder ergibt sich aus dem Mikroklima und der abwechslungsreichen Topographie und dem Boden, die durch bergbildende und bergerodierende Kräfte entstanden sind.

Überschiebungsberge

Ein hypothetischer Block der Erdkruste in der Region des Glacier-Nationalparks, wie er vor mehr als 60 Millionen Jahren existierte. Die beiden gezeigten Schichten repräsentieren tatsächlich viele Schichten von Sedimentgesteinen.

2 Seitlicher Druck beginnt, die Gesteinsschichten zum Einknicken zu zwingen.

3 Es ist eine große Falte entstanden, die dazu führt, dass sich die Gesteinsschichten verdoppeln und einige Schichten umkippen. Auf der Ebene der größten Belastung bildet sich ein Bruch oder *Fehler*.

4 Der Bruch ist abgeschlossen und die Schichten westlich der Verwerfung sind nach Osten gerutscht, hinauf und über die Felsen östlich der Verwerfung.

5 Die Gletscherlandschaft heute. Im Laufe der Jahrmillionen, in denen Faltungen, Verwerfungen und Überschiebungen stattgefunden haben, hat sich der Erosionsprozess fortgesetzt; Tausend Meter geschichtetes Gestein wurden abgetragen, so dass heute nur noch ein Rest der Überschiebungsschichten zu sehen ist. Da der Osthang des Glacier die erodierte Seite des Überschiebungsblocks darstellt, erhebt sich die Bergkette steil aus der Prärie, ohne dass Ausläufer den abrupten Übergang von der offenen Prärie zum Gebirgstal unterbrechen.

Die Gipfel auf diesem Foto (ein Blick nach Nordwesten vom Marias-Pass) sind Überreste des Überschiebungsblocks, der sich nach Osten bewegte. Die Trennlinie zwischen den hellen Felsen und den grauen Schutthängen darunter ist die Lewis Overthrust Fault.

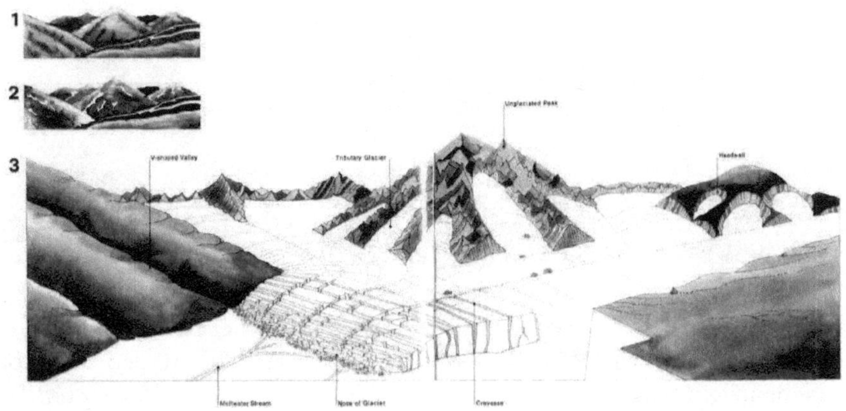

Vereisung

1 So könnte die Landschaft in dieser Region vor dem Beginn des Pleistozäns vor Millionen von Jahren ausgesehen haben. Beachten Sie die vom Bach erodierten, V-förmigen Täler. Das Klima war damals trocken.

2 Hoch auf den Gipfeln begannen sich Gletscher zu bilden, krochen nach unten und schlossen sich zu größeren Gletschern zusammen.

3 Nach vielen Jahrhunderten der Vereisung haben sich Nebengletscher in die Gipfel zurückgezogen und Becken gebildet, die *Kare genannt werden* . Dicke Gletscher, die sich schnell bewegen und Gesteinsfragmente mit sich führen, haben den Boden und die Seiten der Haupttäler abgenutzt und die Täler zu charakteristischen U-Formen erweitert und vertieft.

V-förmiges Tal

Nebengletscher

Unvergletscherter Gipfel

Kopfwand

Schmelzwasserstrom

Nase des Gletschers

Gletscherspalte

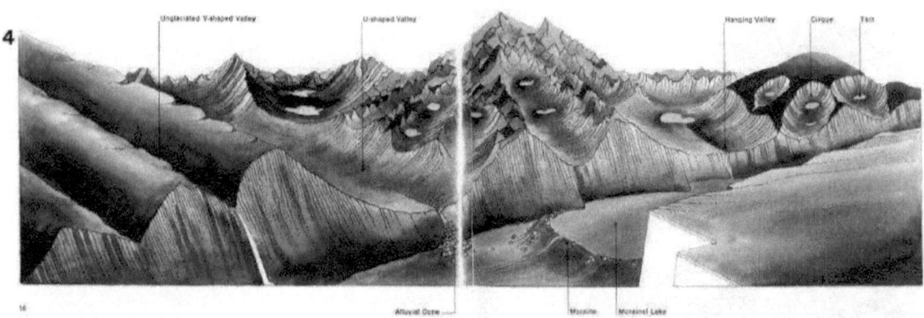

4 In der heutigen Landschaft, die bis auf die restlichen Gletscher frei ist, bedecken kleine Seen, sogenannte *Tarns,* viele der Talkessel; und Wasserfälle stürzen aus höheren, flacheren Nebentälern, sogenannten *Hängetälern , in die Haupttäler . Entlang der Talwände* haben sich Schwemmkegel gebildet – jüngste Ansammlungen von Gesteinsschutt. Im Haupttal hat eine *Moräne* (eine Ablagerung von Gesteinsmaterialien, die der zurückweichende Gletscher hinterlassen hat) einen Damm gebildet, der einen großen See zurückhält.

Während dieser ganzen Zeit wurden alle Teile des Geländes, die nicht unter Eis und Schnee begraben waren, durch nichtglaziale Kräfte verwittert und erodiert. Dadurch wurden die Konturen der schroffen Gipfel und steilen Klippen weicher.

Unvergletschertes V-förmiges Tal

U-förmiges Tal

Hängendes Tal

Zirkus

Tarn

Schwemmkegel

Moräne

Moränensee

In dieser Ansicht des Mokowanis- Tals sind glaziale Landformen zu erkennen.

Ein geteiltes Klima

Aufgrund der ostwärts gerichteten Strömung kühler, feuchter pazifischer Luftmassen unterscheidet sich das Klima im Nordwesten Montanas, einschließlich des westlichen Teils des Glacier-Nationalparks, von dem anderer Teile Montanas. Aufgrund der zunehmenden Niederschläge beherbergen die westlichen Täler des Glacier eine reiche Flora, die eher typisch für den pazifischen Nordwesten ist.

Westen

Feuchte Pazifikluft

Während die feuchtigkeitsreichen Pazifikwinde die windzugewandten Hänge der Glacier-Berge hinauftreiben, kühlt die Luft ab und Wasserdampf kondensiert , wodurch Nebel oder Wolken entstehen. Während die Luft weiter aufsteigt und abkühlt, beginnt es zu regnen oder zu schneien. Bis die Luftmasse den Kamm erreicht und die Leehänge hinunterströmt, ist der größte Teil der Feuchtigkeit verloren gegangen.

Westliche Hänge sind durchschnittlich etwa 70 cm hoch. Niederschlagsmengen in Höhenlagen zwischen 900 und 1.100 m. Die oberen Höhenlagen betragen durchschnittlich 200 bis 250 cm, meist in Form von Schnee; und 300 bis 500 cm. ist üblich.

Ost

Trockener Chinook-Wind

Osthänge erhalten unter dem Einfluss kontinentaler Luftmassen weniger jährliche Niederschläge. Der Jahresdurchschnitt des West Glacier beträgt 66,5 cm. Babb, eine kleine Stadt östlich des Parks, beträgt durchschnittlich 49,3 cm. Häufige starke Winde östlich der Wasserscheide reduzieren die Feuchtigkeit zusätzlich durch Verdunstung.

Orte östlich der Wasserscheide sind den von Kanada herabströmenden arktischen Luftmassen ausgesetzt und leiden zudem unter strengeren Winterbedingungen als geschützte westliche Täler. Die durchschnittliche Januartemperatur beträgt -5°C am West Glacier und -8°C am Babb.

Darüber hinaus sind 80 Prozent der Wintertage im westlichen Teil des Parks bewölkt, ein Zustand, der fast mit dem in Seattle, Washington, identisch ist. Dies dient dazu, die Wintertemperaturen zu mildern und die Verdunstung zu minimieren.

Moos-Leimkraut und Berg-Vergissmeinnicht besiedeln ein Fjällfeld. Fellfields sind felsige alpine Standorte, die zu etwas weniger als 50 % aus nacktem Fels bestehen und mit Pionierpflanzen wie Polsterpflanzen, Moosen und Flechten durchsetzt sind.

Hochseen liegen in der Regel in Karbecken. Diese von Gletschern abgetragenen Vertiefungen im Talgrundgestein sind in der Nähe der Kopfwand am tiefsten, wo die Eisdicke am größten war. Kalte und tiefe Bergseen, die nur wenige Wochen im Jahr eisfrei sind, können weder Gefäßpflanzen noch Wirbeltiere beherbergen. Der Iceberg Lake, der die meiste Zeit des Jahres durch die 1.000 Meter hohen Mauern des Mt. Wilbur und der Ptarmigan Wall von der Sonne abgeschnitten ist, ist nie völlig eisfrei.

Lake McDonald ist mit 16 Kilometern Länge, 2 Kilometern Breite und 134 Metern Tiefe der größte See im Park. Sein Becken ist das klassische U-förmige Urstromtal. Bewaldete Seitenmoränen an beiden Ufern erheben sich sanft 600 Meter über den Seespiegel. Die Going-to-the-Sun Road schlängelt sich am Ostufer entlang und der Logan Pass liegt etwa in der Mitte des Fotos, hinter den Gipfeln der Lewis Range.

Diese Douglasie, die im Präriegebiet nahe St. Mary wächst und sowohl im Winter als auch im Sommer den austrocknenden und formenden Wirkungen des Windes ausgesetzt ist, erreicht weder die symmetrische Form noch die große Größe der Douglasien, die in feuchteren, geschützteren Gegenden wachsen Standorte an den Westhängen der Kontinentalen Wasserscheide.

Frost-Tau-Zyklen brechen und lösen Gestein entlang der Klüfte kontinuierlich, so dass es durch die Einwirkung von Wasser, Schwerkraft und Lawine abgetragen werden kann. Die daraus resultierenden Fächer aus Gesteinsschutt (Schuttkegel) zeigen das Ausmaß der Erosion seit dem Rückzug der pleistozänen Gletscher.

Obwohl fließendes Wasser Erosion auslöst – die primäre zerstörerische Kraft von Gebirgsmassiven – ermöglicht es auch Leben. Sogar kleine Wasserläufe wie dieses Süßwasser sind reich an Pflanzen und Wirbellosen.

Going-to-the-Sun Mountain, hoch über dem St. Mary Valley, vom Weg zum Siyeh Pass. Der Nadelwald an seiner Basis und die alpinen Tundrapflanzen an seinem Gipfel liegen räumlich eng beieinander; aber wenn diese beiden Gemeinden auf der gleichen Höhe wachsen würden, wären sie Tausende von Kilometern voneinander entfernt. Eine Wanderung vom St. Mary Lake bis zum Siyeh Pass führt praktisch von Montana bis zum Polarkreis; aber hier sind die Lebenszonen eher komprimiert und scharf getrennt als erweitert und überlappend.

Untergehender Mond und Schneeschelf nahe dem Gipfel des Heavens Peak. Beachten Sie die Schichtung präkambrischer Sedimente.

Westliche Rotzedern säumen die Ufer des Lake McDonald. Aufgrund der vorherrschenden Luftströmungen von der Pazifikküste sind die Winter in den geschützten westlichen Tälern feucht und vergleichsweise mild, und dieses tiefe Gewässer gefriert durchschnittlich nur in jedem vierten Winter.

Elche folgen oft der Schneeschmelze im Frühjahr bis zu den Quellgebieten von Einzugsgebieten. Dieser Bulle bleibt bis zum Herbst am Thunderbird Pond am Fuße des Brown Pass und kehrt dann in sein Überwinterungsgebiet im Waterton Valley zurück.

Aufgrund der hohen Fortpflanzungsfähigkeit von Insekten und Kleinsäugern würde die Pflanzenwelt der Erde innerhalb eines Jahres vernichtet werden, wenn alle ihre Nachkommen überleben würden. Dies wird durch natürliche Kontrollen wie Raub und Parasitismus verhindert. Der Turmfalke („Sperber") ernährt sich vor allem von großen Insekten und von kleinen Nagetieren, wie hier der Wiesenmaus.

Grauhäher kommen in den tiefen Nadelwäldern des Parks vor. In manchen Parks tummeln sich Grauhäher oder „Lagerräuber" auf Campingplätzen und Picknickplätzen und betteln oder stehlen Essen. In Glacier werden sie jedoch selten bemerkt, da sie nach Samen, Beeren und Insekten suchen.

Als allgemeines Raubtier frisst der Kojote fast alles, von Beeren bis hin zu Aas. Als der Mensch die meisten Feinde und Konkurrenten des Kojoten, darunter den Wolf, den Grizzly und den Puma, eliminierte, vergrößerte er seine Reichweite, um die Lücke zu füllen. Der Kojote ist intelligent und sozial und gedeiht trotz der Verfolgung durch den Menschen. Obwohl es in der Präriegemeinschaft am zahlreichsten ist, reicht es bis zur Waldgrenze.

Das Fichtenhuhn ist ein ganzjähriger Bewohner der Fichten-/Tannen- und Drehholz-Gemeinschaften. Es sucht am Boden nach Samen und Insekten und verwandelt sich im Winter in Nadeln. Mehrere andere Auerhahnarten bewohnen unterschiedliche Lebensräume im Gletscher.

Streifenhörnchen gibt es in Glacier in jeder Gemeinde, von der Prärie bis zur Tundra. Jede der drei sehr ähnlichen Arten des Parks hat ihren bevorzugten Lebensraum. Streifenhörnchen sind das tagaktive Gegenstück zu nachtaktiven Mäusen, die sich von der gleichen Nahrung aus Samen, Beeren und gelegentlichen Insekten ernähren. Sie gewöhnen sich leicht an die Anwesenheit von Menschen und werden zu einer Plage, wenn sie durch Almosen dazu ermutigt werden. Das Füttern von Nagetieren ist gefährlich und schädlich für sie. Durch die Umstellung ihrer Ernährung und die Abschwächung ihrer Vorsichtsinstinkte werden die Tiere durch den täglichen Kontakt mit „kostenlosen Mittagessen" weniger fit für die harten Realitäten ihrer natürlichen Umgebung.

Im Gegensatz zu Weißwedelhirschen, die sich das ganze Jahr über in Tieflandgebieten aufhalten, wandern Maultierhirsche im Sommer auf Hochwiesen. Vor allem die Böcke sind Wanderer und reisen gemeinsam. Samtgeweihe, die während der sommerlichen Geselligkeit getragen werden, kündigen die kommenden Herbstwettbewerbe an.

Der Checkerspot-Schmetterling gehört zur artenreichsten Tiergruppe der Erde – den Insekten, deren Bedeutung kaum hoch genug eingeschätzt werden kann. Sie tragen nicht nur dazu bei, Nährstoffe in der Lebensgemeinschaft zu recyceln und eine reichhaltige Nahrungsgrundlage für andere Lebensformen bereitzustellen, sondern sind auch maßgeblich an der Bestäubung der meisten Landpflanzen der Erde beteiligt.

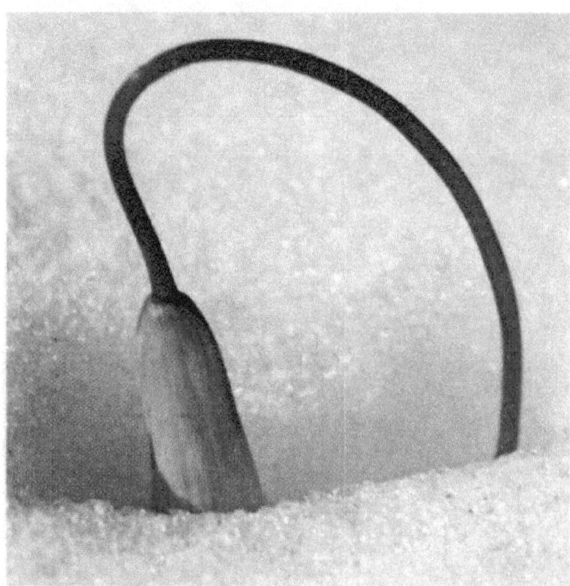

Die Alpenvegetation muss während der Vegetationsperiode die Temperaturen unter dem Gefrierpunkt überstehen können, da auch im Sommer Winterbedingungen möglich sind.

Frühblüher wie die Gletscherlilie müssen während der unbeständigen Wetterbedingungen im Juni immer wieder Schneefälle ertragen.

Im Gegensatz zu Bergziegen verlassen diese Dickhornböcke die Alpenzone, wenn der Winter naht; Sie werden sich anderen Dickhörnern anschließen, die sich in den unteren Tälern versammeln.

Im November beenden die Dickhornschafböcke ihre sommerliche Isolation von den Mutterschafen, ziehen von den höheren Hängen hinab und beginnen ein unblutiges, aber anstrengendes Ritual, bei dem es um Kraft und Ausdauer geht, um den Haremsherrn zu bestimmen. Die scharfen Töne klirrender Hörner können kilometerweit zu hören sein, und die Wettkämpfe dauern wochenlang an, bis der dominierende Widder zum Vorschein kommt. (Beachten Sie den Hotelkomplex Many Glacier im Tal unten.)

Kolibris leben wie Spitzmäuse und andere kleinwüchsige Warmblüter an der theoretischen Schwelle des Lebens. Aufgrund ihrer geringen Größe ist das Körpervolumen im Verhältnis zur Oberfläche nicht groß genug, um einen schnellen Verlust der Körperwärme zu verhindern. Um dies auszugleichen, müssen die Stoffwechselraten hoch sein; Lebensmittel werden schnell verarbeitet und aufgebraucht. Da bei so kleinen Tieren keine Fettreserven vorhanden sind, müssen sie in regelmäßigen Abständen fressen.

In Glacier gibt es zwei Kolibrisarten – den Rotkäppchen und den Kalliope. Abgebildet ist ein weiblicher Rotbarsch (der etwa so viel wiegt wie ein Zehncentstück), der auf seinem mit Flechten geschmückten Nest landet, um seine beiden Jungen mit einer proteinreichen Mischung aus Nektar und kleinen Insekten zu ernähren.

Das insektenfressende Gelbkehlchen bevorzugt feuchte Lebensräume. Im Gegensatz zu vielen seiner in Baumwipfeln lebenden Verwandten wird dieser winzige (10–11 cm) Grasmücke normalerweise in der Nähe oder auf dem Boden gesehen.

Gruppen von Dickhornschafen und -lämmern überwintern nicht so hoch wie die Schafböcke und sind häufig in der Buschwaldzone anzutreffen. Beachten Sie die knorrige Kiefer im Vordergrund dieses Fotos, das an der Südwand des Altyn Peak aufgenommen wurde.

Als sie die Bergwand erreichen, klettern die Ziegen auf einen Felsvorsprung und lassen aus mehreren Spalten Geröllströme ergießen. Als sie auf eine schmale, steile Schneebank stoßen, zögern sie nicht und gehen weiter über den Hang. Über den Felsspitzen dieses Gipfels werden die aufziehenden Wolken schwarz. Ein plötzlicher Donnerschlag treibt mich den Weg hinunter.

Obwohl die Rocky Mountains in Glacier geologisch jung sind, bestehen sie aus weichem Sedimentgestein, das leicht von den vielen Faktoren der Verwitterung und Erosion angegriffen werden kann. Wenn diese herrlichen Gipfel nicht durch kontinuierliche Erhebungen verjüngt werden, werden sie in der langen Erinnerung des Planeten nur für kurze Zeit aufleuchten.

Schon jetzt wird das scharfe Gesicht dieses Landes durch die anhaltenden Kräfte der Erosion gemildert. Dazu gehört vor allem das Wasser, das die Berge überall angreift. Darüber hinaus werden durch die Frosteinwirkung ständig Gesteinsbrüche ausgenutzt und Felsblöcke in Schutt und Geröll zerlegt. Lawinen und Steinschlag fegen die Hänge hinunter. Schichten aus weicherem Gestein erodieren schnell, untergraben widerstandsfähigeres Gestein und bilden Überhänge, die durch die Schwerkraft mit der Zeit einstürzen.

Der peitschende Regen erwischt mich auf diesem von Sonne und Sturm umkämpften Pass. Eis, Schwerkraft, Wind und vor allem Wasser – sie alle greifen ein Land an, das den Wolken trotzt.

Der Aufgang der Sonne und der Lauf der Hirsche: Ein Gletscherjahr

Wie um die tagelange Dunkelheit dieses letzten Schneesturms auszugleichen, tragen die Gipfel heute Schneewolken – lange, anmutige weiße Streifen, die sich in einen eisblauen Himmel schlängeln. Gestern fegte der schneebedeckte Wind durch den Wald. Heute sind die regungslosen Bäume in schwere, glitzernde Gewänder gehüllt, die blattlosen Espen und jungen Lärchen sind gebeugt.

Mäßiger Schneefall hilft vielen Pflanzen und Tieren, den Winter zu überleben. Für Bodenbewohner bietet es Schutz vor den stark schwankenden Wintertemperaturen östlich der Wasserscheide, schützt die Winterschlafbewohner und bietet Schutz für die vielen kleinen Säugetiere, die im Winter aktiv bleiben. Vom Wind gepeitschter Boden gefriert tief; Doch unter einer Schneedecke bleibt die lebenserhaltende Wärme zurück, sodass viele Tiere überleben und die Arbeit der Zersetzer weitergehen kann.

Aber dies war ein Winter mit zu viel Schnee und zu vielen Temperaturextremen. Die starke Schneedecke hat die Hirsche gezwungen, sich in großer Zahl auf den Weg zu machen. Da sie nicht in der Lage sind, sich im Tiefschnee frei zu bewegen, werden sie in immer kleinere Gebiete gezwungen, wo ihre Zahl es ihnen ermöglicht, Wege zu brechen und zu pflegen. Doch mit der Zeit erschöpfen sie den Nahrungsvorrat. Jüngere Hirsche, die die immer höher werdende Weidelinie nicht erreichen können, verhungern zuerst. Dann werden die von ungeborenen Jungen beladenen Hirschkühe schwächer und fallen Raubtieren zum Opfer. Daher schrumpfen die eingesperrten Herden in diesem Jahr schnell, manchmal weniger als einen Kilometer von reichlich Weide entfernt.

Auch für viele samenfressende Vögel bedeutet tiefer Schnee den Tod. Da sie nicht in der Lage sind, nach Nahrung zu kratzen, versagen ihre Körperöfen schnell und in einer Nacht mit kaltem Wind fallen ihre aufgeplusterten Leichen in den Schnee.

Der Mittagssonne ausgesetzt, taut die Schneeoberfläche auf; Beim erneuten Einfrieren wird es zu kristallinem Eis umstrukturiert. Wenn Schnee wiederholt auftaut und gefriert, bildet sich eine Eisbarriere, die den lebenswichtigen Luftaustausch unterbindet. Pflanzen unterliegen dann der Fäulnis und das Leben von Kleinsttieren wird erstickt. Mäusen und Spitzmäusen wird die Fortbewegung unter dem Schnee erschwert und ihnen wird Nahrung und Deckung entzogen. Unter solchen Bedingungen nimmt ihre Zahl rapide ab.

Doch während viele in einem Winter mit tiefem Schnee verhungern, profitieren andere davon. Der exponierte Verkehr kleiner Säugetiere kommt der Eule zugute. Füchse und Kojoten erlegen Kaninchen und Hasen auf verkrustetem Schnee leichter . Hirsche und, in geringerem Maße, Wapiti und Elche – deren Hufe durch die Schneedecke schlagen – ermüden im Tiefschnee schnell und werden hilflos gegenüber Pumas oder Wölfen, deren geringeres Gewicht von der Kruste getragen wird.

So düster der Tribut dieses Winters auch wird, es wird genug überleben, um im Frühjahr mit dem Erneuerungsprozess zu beginnen. Der letzte Winter, eine Jahreszeit mit leichtem Schneefall, war für Raubtiere eine schwierige Zeit. Die Hirsche blieben stark, die Wapiti fernab auf hohen, windgepeitschten Bergrücken und die kleinen Säugetiere versteckten sich.

Nur die Wasseramsel scheint Winter für Winter die Strapazen der Jahreszeit nicht zu bemerken. Als Herr seiner kleinen Welt des offenen Wassers singt er im Februar, während er durch seinen verringerten Bach watet und schwimmt, um einen nie versiegenden Vorrat an Wasserinsekten und kleinen Fischen zu finden. Es ist eine Stimme des Frühlings – fröhlich, wild, beständig wie das fließende Wasser – ein unpassendes Lied in diesem winterverhüllten Land.

Doch je stärker die Sonne wird, desto schwächer wird der Griff des Winters. Die Tannen und Fichten lassen ihre Schneemassen zu Boden rutschen. Die Bäche beginnen wieder zu singen und bald werden die Seen größer, das Dröhnen des spaltenden Eises durchbricht die Stille der Täler. Lawinen donnern die steileren Hänge hinab und reißen Bäume zu den anschwellenden Bächen. Flüsse zischen und toben und treiben die Trümmer voran. Ein zu plötzlicher Frühling führt zu Überschwemmungen in tieferen Lagen.

Schneegänse ziehen durch die Täler, und Erdhörnchen graben sich durch den Schnee, um Invasionen von Vögeln zu entdecken, die aus dem Süden zurückkehren. Bald tauchen die dreiblättrigen Wakerobins auf und jagen die Schneegrenze die Bergrücken hinauf. Als nächstes kommen Gletscherlilien und Calypso-Orchideen und mit den Sternschnuppen kommt der Frühling.

Der schmelzende Schnee setzt eine neue Gruppe von Tieren frei, um das im Winter ausgedünnte Land zu bevölkern. Herauf kommen Streifenhörnchen. Bären tauchen wieder auf. Junge Eichhörnchen winden sich hilflos und blind in ihren Nisthöhlen. In versteckten Höhlen wimmelt es von Welpen und Jungen. Bald werden sie an warmen Tagen herauskommen und es wird beginnen, zu lernen, mit ihrer Welt klarzukommen.

Alles Leben reagiert unwiderstehlich auf die wachsende Stärke der Sonne. Pappel, Weide und Ahorn blühen und entfalten neue Blätter; Grüne Nadelbüschel markieren die Zweige der Lärchen, die im Winter wie leblose Baumstümpfe zwischen den anderen Nadelbäumen gewirkt hatten. Unter dem Boden der Prärie, der Wiese und des Waldes, im Schlamm der Seen und Teiche regt sich anderes Leben; Armeen von Insekten, Spinnen, Krebstieren, Amphibien und Fischen werden versuchen, ihren Lebenszyklus trotz der gewaltigen Widrigkeiten einer räuberischen Welt abzuschließen.

Der Frühling erreicht die höheren Berge, im Tiefland geht der Sommer über. Wapiti- und Bergschafe folgen der steigenden Flut saftiger Weiden bis zu den Hochwiesen. In Wäldern, Hainen und Wiesen sowie entlang des Baches erscheinen neue Jungvögel – Drossel, Vireo, Kolibri, Seidenschwanz, Harlekinente, Drossel, Fischadler und Flimmervogel –, während Löcher, Nester und Höhlen voller bettelnder Mäuler sind.

Auf den Almwiesen, wo sich der Frühling mit Schnee überlagert und der Winter dicht auf den Sommer folgt, ist die Vegetationsperiode kurz und das Klima instabil. Da sie das stärkere Licht spüren, drängen sich die Blumen ungeduldig durch den Schnee und eilen in die Blüte. Pikas und Murmeltiere huschen und sonnen sich zwischen den Felsen der Geröllhänge.

Der Sommer reift in reifenden Heidelbeeren heran, und die Bären, die die Frühlingsgräser abgegrast haben, fressen sich jetzt satt. Trockene Augusttage bringen bohrende Blitze mit sich, die die Wälder mit Bränden bedrohen .

Bärengrasbüschel erreichen nun auf den höchsten Wiesen ihren Höhepunkt . In schwindelerregender Folge säen Wildblumen. Dick und träge verschwinden Murmeltiere und Ziesel unter den Felsen. Der Steinadler muss jeden Tag länger suchen, um in seinem riesigen Reich Beute zu finden.

Der Herbst hält in den Tälern und an den Flanken niedriger Bergrücken an. Die Morgensonne glitzert auf dem Raureif, feuert die gelben Blätter von Lärche, Espe, Birke, Ahorn und Pappel ab und scheint auf die blutroten Beeren der Eberesche. Bald wird eine Nacht mit tödlichem Frost die Leichen von Insekten und Spinnen zu Millionen töten. Die Reptilien und Amphibien scheinen als Kaltblüter in diesem lang überwinterten Land fehl am Platz zu sein. Da sie nicht in der Lage sind, ihre Körpertemperatur deutlich über der Umgebungstemperatur zu halten, suchen sie als Erste den Schutz des Winterschlafs, sammeln sich in Höhlen oder vergraben sich unter dem Schlamm des Teichbodens.

Singvögel sammeln sich und verlassen die Täler. Die rauen Schreie der Eichelhäher klingen jetzt im Wald bedrohlich. Nur die Meisen scheinen die langen Baumschatten zu ignorieren; Ihre unaufhörlichen Gespräche gehen durch das blattlose Unterholz, während sie eifrig nach Samen suchen.

Der Samt ist bis auf die Knochen zerfallen, und in diesen letzten warmen Mittagstagen zieht sich die Brunft durch das Land. Es beginnt in den Tälern im September mit den Turnieren von Hirschen und Elchen und dem Signalhorn des Wapiti-Bullen, der die Stille des Waldes durchbricht. Im November ertönt auf den höher gelegenen Wiesen das Aufeinanderprallen von Dickhornböcken, die um Mutterschafe konkurrieren, indem sie ihre massiven, gekräuselten Hörner zusammenschlagen. Auf hohen Hängen posieren und stolzieren Bergziegenböcke ; Kopf an Schwanz kreisen sie und bedrohen einander mit dolchartigen Hörnern.

Vom Flathead Lake, 100 Bachkilometer weiter südlich, kehren Kokanee-Lachse zurück, um in den klaren, kalten Untiefen des McDonald Creek zu laichen. Versammelnde Weißkopfseeadler umgeben den Bach und heben immer wieder gefährdete Fische aus Teichen und Rillen. Zu Hunderten sitzen sie am Bachlauf, ihre weißen Köpfe und Schwänze glitzern vor den dunklen Bäumen und stechen hervor wie Laternen, die für ein Bankett aufgereiht sind.

Jetzt kommt der stechende Wind von den Gipfeln herab und verschließt die Seen. Das Leben verlangsamt sich oder schläft. Schneehuhn,

Schneeschuhhase und Langschwanzwiesel, alle in Winterweiß gekleidet, suchen Schutz und Nahrung in einem stillen Land, in dem der Frühling und die gelben Lilien für immer verloren zu sein scheinen.

■

Alles Leben steht vor einer ultimativen Herausforderung: zu überleben oder nicht, sich zu vermehren oder zu scheitern, seinesgleichen in die Sonne von morgen zu bringen oder für immer zu verschwinden. Dieses Land ist hart. Um in der Natur zu überleben, sind Fähigkeiten des Einzelnen, Exzellenz der Art und eine Chance der Umwelt erforderlich.

Der Nerz, ein einsames Raubtier, das in niedrig gelegenen Wasserläufen vorkommt, jagt alles, was er fangen und bezwingen kann.

Über die Going-to-the-Sun Road

Ich beginne gerne mit St. Mary, einem See, an dem die Schaumkronen so gerne entlanglaufen. Von den entfernteren Pässen aus sammeln sich die verschiedenen Winde und formen lange Reihen weißer Wellen für das Rennen flussabwärts . Vorbei an den violetten Geröllhalden von Mahtotopa und Little Chief gehen sie vorbei, weiß wie der Kopfschmuck des Going-to-the-Sun Mountain, kollidieren und stürzen entlang der Felsvorsprünge rund um die Narrows. Sie drängten weiter, breiteten sich aus und setzten die Segel für den direkten Ansturm auf das letzte Ufer, wo eine Reihe von Pappeln mit einem Klang singt, der an Applaus erinnert.

Auf der anderen Seite des Sees bildet der bewaldete Bergrücken einen starken Kontrast zum Präriestreifen, der das Nordufer beansprucht. Dies ist ein blumenreicher Ort, ein Treffpunkt für Berg- und Präriepflanzen. Entlang der Straße hält das Grasland die Nadelbäume zurück und lässt nur vereinzelte Espengruppen zu.

Schließlich, bei aufgehender Sonne, im Schatten des Goat Mountain, endet die Prärie und windgepeitschte Douglasien kündigen den kommenden Wald an.

Jetzt herrscht Aufregung, da die Präriehitze verschwunden ist und der Wind den Duft von Tannen und hohen Wiesen verströmt, abgerundet durch Wasserfälle und hohe, feuchte Felsen. Unser Bergdurst wird niemals gelöscht, und eine Straße, die sich zu einer Felswand hin verengt und plötzlich abbiegt, weckt in unserem Blut das uralte Bedürfnis, zum höchsten Ort zu gelangen.

Es gibt eine mit Schwertern gesäumte Zitadelle und die schneebedeckte Spitze von Fusillade, die wie eine Königin in diesem Tal der Gipfel Hof hält; dann die Kuppel von Jackson und die Gunsight-Kerbe. Unsere Augen sind hochgehalten und schließlich gebannt von dem drohenden Heavy Runner und der fernen Verheißung von Reynolds.

Auf der Suche nach Bergziegen scannen wir die Mauern rund um den Siyeh Bend und erhaschen einen Blick auf den Pfad, der über das Geröll zum versteckten Piegan Pass führt.

Bärengrasköpfe ragen über die Straße wie alte Männer, die die Aussicht besprechen. Die violetten Trompeten des Penstemon drängen sich auf den Felsen, und Flecken von indianischem Pinsel führen wie eine Blutspur zu den höheren Hängen.

Jetzt sind wir betrunken und spüren die frische volle Kraft des Windes vom Logan Pass. Wir rasen weiter. Wir nehmen den Kampf des Waldes in Reynolds Creek weit unten kaum wahr, wie er bei seinem eigenen harten Aufstieg lichter wird und an Kraft verliert. Auf der weiten Pracht dieses Passes fegen wir daran vorbei.

Einen Moment lang ist die Straße eben, dann fällt sie zu einem Felsvorsprung an der Felswand oberhalb von Logan Creek ab und schwingt sich über die große, skulpturale Klippe der Garden Wall. Mehrere Kilometer lang gleitet dieses Meisterwerk einer Straße ein konstantes Gefälle hinab, eingezwängt zwischen Felswand und Raum, und windet sich in enge Abflüsse – eine Straße für Sturmliebhaber, nass von Gischt und Schnee, deren schnelle Kurven plötzliche Winde verbergen.

Der mächtige, schneebedeckte Heaven's Peak erscheint und lenkt unsere Aufmerksamkeit von den Bergen der Passgruppe und dem hängenden Tal ab, das die Birdwoman Falls ergießt. Im Norden erstreckt sich die große Ansammlung von Gipfeln rund um den fernen Flattop, ein Gewirr aus Bergen und Gletschern. Wie können wir den Wald weit unten wahrnehmen?

Erst als wir den Loop passiert haben und an den geschwärzten Baumstümpfen eines kürzlichen Brandes vorbeikommen, wird uns die Größe dieses Waldes bewusst. Der lange Weg nach unten führt uns in ein Tal, das viel tiefer ist als jedes andere auf der Ostseite. In der Nähe von Avalanche Creek stehen Bäume, die wir nirgendwo sonst im Park gesehen haben – riesige Westliche Rotzedern, Westliche Hemlocktannen mit ihren nickenden Spitzen, monströse schwarze Pappeln, deren Rinde so tief gefurcht ist, dass sie aussieht, als sei sie mit dem Beil gehauen worden.

Wir machen eine lange Fahrt talabwärts, vorbei an der niedrigen Pyramide des Mt. Stanton, dem letzten Gipfel der Livingston Range. In der Nähe des Ausflusses des Lake McDonald tauchen wieder zahlreiche Birken und Espen auf, und die Straße mündet in einen dicht besiedelten Bestand von Drehkiefern.

Da unsere Erinnerungen voller Berge, Wasserfälle und Schneefelder sind, sind wir uns der Bedeutung dieser 80 Kilometer langen Reise nicht ganz bewusst. Wir haben die Grenzen verschiedener Pflanzen- und Tiergemeinschaften überschritten und einen Klimabereich abgedeckt, der auf einer 5.000 Kilometer langen Nord-Süd-Reise auf Meereshöhe anzutreffen wäre.

Auf den ersten Blick scheinen die verschiedenen Bäume, Wildblumen und Tiere zufällig verteilt zu sein, verstreut wie die fernen Berge. Aber bergiges Gelände repräsentiert eine organisierte Lebenseinstellung in Hochhäusern. Vom tiefsten, am besten geschützten Tal bis zum höchsten, von Wind und

Eis zerschnittenen Gipfel ordnen sich die Lebensformen an, jede entsprechend ihrer eigenen klimatischen Toleranz.

Auch hier sind die großen Zyklen der Natur zu erkennen: Feuer und Nachwachsen, die Bildung des Bodens und seine Erosion, der unaufhörliche Kampf der Fresser und der Gefressenen.

In den folgenden Abschnitten werden wir einige Zeit in diesen verschiedenen Gemeinden verbringen, von der Prärie bis zur Tundra.

Haine und Grasland: Das Präriemeer

Der Frühling in der Prärie hat etwas an sich, das mich vor Tagesanbruch aufstehen lässt. Ich beobachte gerne, wie die Jahreszeiten ihre Kontrolle über die Landschaft ändern, von der winterlichen Kälte der Dunkelheit vor der Morgendämmerung über die frühlingshaft duftende Morgenluft bis hin zum heißen Sommervorgeschmack der Mittagssonne im Mai.

Raureif umgibt diese Flecken von Küchenschellen, blauen Kelchen auf flaumigen Stielen. In dieser windstillen Nacht hat sich überall Frost gebildet, der für eine Zeit lang sein ausgedehntes Wintergebiet zurückerobert hat und über den grünen Werken des Frühlings glitzert.

Aber der Gott des wachsenden Graslandes ist die Sonne, und sie verkündet sich nun selbst und streckt sich aus, um die Berge zum Leuchten zu bringen. Durch seinen Angriff bricht der Frost zusammen und bildet auf Grasspitzen und Blattfugen leuchtende Perlen, an denen sich ein Käfer erfrischen könnte.

Den Frühling kann man am besten auf Ameisenebene wahrnehmen, am Boden, wo die leuchtend gelbgrünen Spitzen neuer Grastriebe das vom Winter heimgesuchte Land zurückerobern. Ich schaue mir eine Schleppleine aus Spinnenseide genau an; Eine Halskette aus Tautropfen gleitet herab und sammelt sich zu einem Moment der Größe, in dem ich kurz einen geschwungenen Horizont, den Morgensonnenaufgang und mich selbst sehe, bevor er verschwindet.

Ich stehe aus meiner Bauchlage auf, mein Bauch ist feucht von der Prärieerde, und erschrecke ein Weißwedelkaninchen; Es springt hoch und fliegt im Zickzack davon. Der Tumult beunruhigt einen entfernten Dachs, der sich von seinen Baugruben abwendet, um sich der Gefahr, welcher Art auch immer, zu stellen. Es schwingt seine Schnauze, um die Luft zu schnüffeln. Etwas unsicher wendet es sich wieder der Jagd zu, dann zögert es, schwenkt noch einmal umher und wartet, kurzsichtig, geduldig.

Endlich zufrieden, der Strahl des nun weit entfernten Kaninchens ist in seinem Gehirn verloren gegangen, das Geschöpf schnaubt trotzig über das Geheimnis und nimmt seine morgendliche Gopher-Jagd wieder auf.

Über ihnen schwebt ein Sumpffalke vorbei, sein Flug ist unregelmäßig wie der eines Schmetterlings. In weiter Ferne rasselt eine Elster den vorbeifliegenden Falken an und ergreift die Flucht, wobei sie kurz schwarz und weiß aufleuchtet.

■

Es ist leicht, nur Teile im natürlichen Puzzle zu sehen – einen Dachs, der Erde wirft, gehörnte Lerchen, die sich in den Wind tauchen, schwarze Ameisen, die die Rosette einer toten Spinne ziehen – und sich mit den verstreuten Szenen zufrieden zu geben. Aber um es sinnvoll zu machen, müssen wir das Bild schließlich vervollständigen. Es ist eine besondere Freude, größere Projekte zu entdecken: grüne Pflanzen, die das Sonnenlicht nutzen; ein Kaninchen baut sich sein Leben auf Kosten der Pflanzen auf; der Falke zerreißt das Kaninchenfleisch für seine Jungen; Elstern pflücken den gefallenen Falken; und am Ende kehren alle zur Erde zurück.

Hier in der Prärie wiederholt sich, wie bei jeder Pflanzen- und Tiervereinigung, das antike Drama immer wieder; Die ferne Tundra ist eine völlig andere Bühne mit anderen Akteuren, aber der Zyklus ist der gleiche. Das Leben hängt vom Zusammenspiel all seiner vielfältigen Formen ab. Unsichtbare Bakterien sind für das Land genauso notwendig wie grünes Gras; Die Wiesenmaus und der Kojote gehören ebenso zur Prärie wie die Gräser.

Das Geheimnis des Lebens liegt im Wunder der Photosynthese. Nur grüne Pflanzen können aus den Rohstoffen der Erde Nahrung herstellen. Dies ist der entscheidende erste Schritt, auf dem die große Pyramide des Tier- und Pflanzenlebens aufgebaut wird. Mithilfe der Energie der Sonne verbinden grüne Pflanzen Wasser und Kohlendioxid, um Zucker zu synthetisieren, und geben als Nebenprodukt Sauerstoff ab. Die Raupe bezieht ihre Energie aus dem Pflanzengewebe und wandelt den Zucker und die Mineralien in ihrem Körper in Eiweiß um. Die Raupe dient dann einer Spinne oder einem anderen Raubtier als Nahrung. Ein Gelbgrasmücke kann die Spinne fangen und wiederum vom Präriefalken überfallen werden. Somit wandert die von der Pflanze produzierte Energie durch die Nahrungskette. Wenn der Präriefalke stirbt, verteilen Aasfresser – darunter Insekten und andere Wirbellose, Vögel und Säugetiere – seinen Reichtum untereinander neu; der Rest wird durch Bakterien zersetzt. So kehren die Nährstoffe, auf die die Pflanzen angewiesen sind, schließlich in den Boden zurück.

Wenn wir einen lebenden Organismus betrachten, sei es eine Pflanze, ein Pflanzenfresser, ein Fleischfresser, ein Parasit, ein Aasfresser oder ein Zersetzer, werden wir uns schnell seiner Assoziationen mit anderen Lebewesen bewusst, wobei jedes Puzzleteil uns zu einem anderen und einem anderen führt. Wir beginnen, ein Gesamtbild zu sehen – Fuchs, Wiesenmaus, Heuschrecke, Grashüpfer und Sperber – alle ineinandergreifend.

Geologisch gesehen handelt es sich bei Grasland um eine junge Entwicklung. Mit der Hebung der Rocky Mountains begann sich das vorherrschende warme, feuchte Klima zu verändern. Die aufsteigende Bergmasse fing feuchtigkeitshaltige Winde ab, die vom Pazifik wehten, und erzeugte einen Regenschatten, der sich nach Osten hin verlängerte, je höher die Berge stiegen. Nach und nach bildete sich ein kontinentales Klima heraus, das durch strenge Winter und trockene Sommer mit Waldbränden gekennzeichnet war und die großen Wälder auslöschte, die im Inneren des Kontinents gewachsen waren. Krautige Pflanzen, die sich inmitten der Wälder entwickelt hatten, erbten das Land.

Im Gegensatz zu Bäumen sterben Gräser jeden Winter bis zum Boden ab und horten ihre Lebenskeime unter der schützenden Erde. Gräser wachsen nicht an der Spitze, sondern an den Gelenken und regenerieren sich nach einem Brand oder einer Beweidung schnell. Durch die Aussetzung der normalen Stoffwechselvorgänge können die Gräser in den Ruhezustand übergehen und so Perioden starker Hitze und Dürre überstehen.

Obwohl das große Präriemeer an die Ostgrenze des Glacier-Nationalparks spült und Flussmündungen an den trockeneren, nach Süden ausgerichteten Hängen in die Bergtäler vordringen, macht die Graslandgemeinschaft weniger als 5 Prozent der Landfläche des Glacier-Nationalparks aus. Dazu gehören die Präriepfützen westlich der Wasserscheide, die die dichten Nadelwälder entlang der North Fork des Flathead River unterbrechen.

Von den Küchenschellen, die Anfang Mai blühen, bis zu den Astern und der Goldrute im September – diese sommerlichen Gärten mit Gräsern und Blumen neigen sich im Wind. Hier gibt es Wiesen-Lieschgras, Hafergras und die Haufengräser – Rohrschwingel, Blauschwingel und Blaubunt-Weizengras. Unter den Gräsern blühen Bitterwurz, Blaue Kamel, Lupine, Gaillardie, Balsamwurzel, Fingerkraut, Klebrige Geranie und Wildrose.

Fortsetzung auf S. 68

Die Wälder des Gletschers

Vom üppigen Redcedar-Hemlock-Wald im McDonald Valley bis hin zu den subalpinen Tannen, Weißborkenkiefern und Engelmann-Fichten, die nahe der Baumgrenze ums Überleben kämpfen , spiegeln die Wälder von Glacier die vorherrschenden Temperatur- , Expositions-, Boden- und Entwässerungsbedingungen wider; und jeder Wald hat seine charakteristische Verbindung von Unterholzbäumen und -sträuchern, krautigen Bodendeckern sowie Wirbeltieren und wirbellosen Tieren.

Lebenszonen

Viele physikalische und klimatische Faktoren bestimmen die Reichweite der Pflanzen- und Tiergemeinschaften in Glacier. Die Grenzen zwischen Gemeinschaften sind selten klar definiert, sondern verschmelzen in weiten Übergangszonen.

Mit steigender Höhe sinkt die durchschnittliche Tagestemperatur um 5°C pro 900 Meter. Niederschlag, Windgeschwindigkeit und Verdunstungsverlust nehmen zu. Der Boden vird dünner. Diese Faktoren bestimmen zusammen mit anderen Faktoren wie der Häufigkeit von Bränden, der Nord- oder Südausrichtung und der Verfügbarkeit von Feuchtigkeit die Reichweite jeder Gemeinde.

In der Waldgesellschaft unterhalb von 1.800 Metern dominieren Douglasie, Drehkiefer und Westlärche. In den Tälern kommen Engelmann-Fichte und subalpine Tanne vor. Die etwas tiefer gelegenen und viel besser bewässerten westlichen Täler des Parks beherbergen Westlichen Rotzeder und Westliche Hemlocktanne.

Die Baumgrenze ist die Obergrenze, bis zu der Bäume aufgrund ihrer Toleranz gegenüber Umweltbedingungen wachsen können. Da es so viele Einflussfaktoren gibt (Wind, Temperatur, Sonneneinstrahlung, Schneedecke usw.), ist die Baumgrenze im Diagramm nur ungefähr. Im Glacier beträgt sie durchschnittlich 2.000 Meter. Lawinenrutschen oder steile Felswände können es auf unter 1.500 Meter drücken; An geschützten Hängen kann sie bis zu 2.150 Meter hoch sein.

Am östlichen Rand des Parks unterhalb von 1.200 Metern weicht der Wald der Präriegemeinschaft, die hauptsächlich aus weichstämmigen Pflanzen besteht, die an die Bedingungen geringer Niederschläge angepasst sind, die hier im Regenschatten der Bergkette herrschen. Hier im Übergangsbereich zwischen Prärie und Wald kommen Espengruppen vor, die in der Prärie an geschützten Stellen vorkommen.

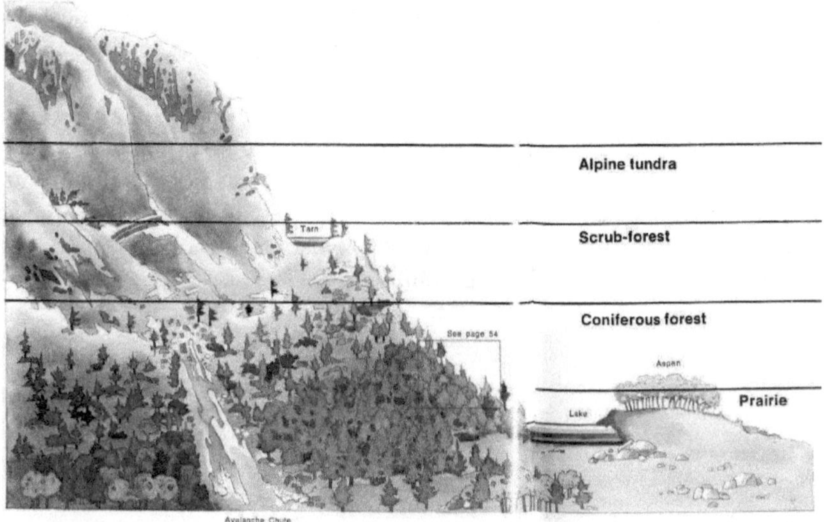

Ein Bergprofil

Dieses Diagramm stellt den nach Osten gerichteten Hang eines hypothetischen Berges nahe der Ostgrenze des Glacier-Nationalparks dar. Seine Lebensgemeinschaften unterscheiden sich etwas von denen der Berghänge am westlichen Rand, hauptsächlich aufgrund der unterschiedlichen jährlichen Niederschläge.

Illustration: Hier, oberhalb von etwa 2.750 Metern, in einem Reich aus Eis, Schnee und kargem Fels, gibt es wenig Leben.

Alpentundra

Unterhalb von 2.750 Metern und über 2.000 Metern existiert, abhängig von anderen Faktoren wie Sonnen- und Windeinwirkung und Steilheit des Geländes, die alpine Tundra-Gemeinschaft mit einer Vegetation, die der der riesigen, im Wesentlichen ebenen, baumlosen Zonen der Arktis ähnelt.

Buschwald

Etwa zwischen 1.800 und 2.000 Metern ist die vorherrschende Vegetation Buschwald. Die Bäume hier sind verkümmert; Außer an geschützten Stellen sind sie mehr oder weniger in Bauchlage und nicht aufrecht. Das Nettowachstum ist langsam, nicht nur wegen der kurzen Vegetationsperiode, sondern auch wegen der beschneidenden Wirkung eisiger Bergwinde. In diesem rauen Lebensraum können nur sehr wenige Baumarten überleben.

Nadelwald

In der Waldgesellschaft unterhalb von 1.800 Metern dominieren Douglasie, Drehkiefer und Westlärche. In den Tälern kommen Engelmann-Fichte und subalpine Tanne vor. Die etwas tiefer gelegenen und viel besser bewässerten westlichen Täler des Parks beherbergen Westlichen Rotzeder und Westliche Hemlocktanne. Siehe Seite 54

Prärie

Am östlichen Rand des Parks unterhalb von 1.200 Metern weicht der Wald der Präriegemeinschaft, die hauptsächlich aus Pflanzen mit weichen Stängeln besteht, die an die Bedingungen geringer Niederschläge angepasst sind, die hier im Regenschatten der Bergkette herrschen. Hier im Übergangsbereich zwischen Prärie und Wald kommen Espengruppen vor, die in der Prärie an geschützten Stellen vorkommen.

Die Waldgemeinschaft

Ein Wald ist vertikal wie ein Wohnhaus oder ein Bürogebäude organisiert, wobei die Ebenen den Stockwerken entsprechen. Das *Blätterdach* besteht aus Ästen und Blättern hoher Bäume, die ein Dach über der Gemeinde bilden. Unterhalb des Blätterdachs befinden sich die *Unterholzbäume* : junge Individuen der Blätterdachart; und kleine, schattentolerante Bäume, die niemals Teil des Blätterdachs werden. Unter den Unterholzzweigen befindet sich die *Strauchschicht* , die von knie- bis mannshohen Gehölzen besetzt ist; Darunter befindet sich die *Krautschicht* , in der die meisten Farne, Wildblumen, Gräser und kleineren Gehölze wachsen. Der *Waldboden* ist die Zone von Moosen, Pilzen, Kriechpflanzen und Waldabfällen (Blätter, Zweige, Nadeln, Federn, Rindenstücke, Tierkot usw.). Der Wald hat auch einen „Keller", der von Pflanzenwurzeln, Pilzmyzelien und Tunneln mit unzähligen Tieren durchzogen ist.

Jede Schicht des Waldes hat ihre charakteristischen Tierarten, aber die meisten suchen ihr Futter auf mehr als einer Ebene. Manche nisten in einem Stockwerk und ernähren sich in einem anderen. Das Eichhörnchen rast vom Waldboden zu den höchsten Ästen hin und her.

Die Waldgemeinschaft verfügt auch über eine sozioökonomische Organisation. Jedes Tier (und jede Pflanze) nimmt Platz ein und verbraucht einen Teil der verfügbaren Nährstoffe. Jeder hat einen Platz in der Nahrungskette der Gemeinschaft – beispielsweise als *Pflanzenfresser* , *Fleischfresser* oder *Aasfresser* . Jedes wirkt sich direkt oder indirekt auf alle anderen Organismen aus.

Die Waldgemeinschaft

Die Rolle einer Art in der Gemeinschaft ist ebenso wie der Beruf und die soziale Funktion einer Person ihre *Nische* . Ähnliche Tierarten haben unterschiedliche Nischen, wodurch die Konkurrenz um Nahrung und Wohnraum verringert wird. Drosseln jagen in Bodennähe; Vireos und Kinglets jagen zwischen den Zweigen; Fliegenfänger fangen in der Luft befindliche Insekten. Der Flitzer ernährt sich von Insekten, gräbt Nisthöhlen aus, die später von anderen Arten wie Eichhörnchen und Eulen besetzt werden, und wird von der Virginia-Uhu gejagt; Seine Nische ist *Insektenvernichter / Futter für Fleischfresser / Hausbauer* . Der Virginia-Uhu, der nachts Säugetiere, Vögel und Reptilien jagt, jagt andere Arten als der Habicht und besetzt daher eine parallele Nische. Wenn es stirbt, werden seine Überreste, wie auch die anderer Tiere, zersetzt und kehren in den Boden zurück.

Überdachung

Große, ehrenwerte Eule

Gelbbauch-Saftsauger

Untergeschichte

Fliegendes Eichhörnchen

Strauchschicht

Halshuhn

Kräuterschicht

Rotes Eichhörnchen

Westkröte

Waldboden

Kurzschwanzwiesel

Aasfressende Insekten

Hirschmaus

Strumpfbandnatter

Bodenschicht

Ziesel

Regenwurm

Maskierte Spitzmaus

Sonne, grüne Pflanzen und Tiere

Die Sonne ist die Energiequelle für jede Pflanzen- und Tiergemeinschaft. Grüne Pflanzen beziehen Stickstoff und Mineralien aus dem Boden und nutzen in einem Prozess namens Photosynthese Sonnenlicht, um Rohstoffe (Kohlendioxid und Wasser) in Kohlenhydrate (Zucker, Stärke, Zellulose) umzuwandeln, wobei als Nebenprodukt Sauerstoff entsteht. Tiere verbrennen nicht nur Sauerstoff, sondern sind auch auf Pflanzen als Nahrung angewiesen.

Grüne Pflanzen , Bäume und Sträucher, Gräser und Seggen, Wildblumen, Farne, Moose, Algen und Flechten – werden von Tieren gefüttert, die nicht in der Lage sind, ihre eigene Nahrung herzustellen.

Nagetiere , Hechte und Hasen, samenfressende Vögel, grasende und grasende Huftiere sowie pflanzenfressende Insekten bezieht die Rotrückenmaus ihre Energie aus den Samen und anderen Teilen grüner Pflanzen, die sie frisst.

Die Strumpfbandnatter , die sich von der Wühlmaus ernährt, ist auf Pflanzen angewiesen, auch wenn sie diese nicht frisst.

Die Virginia-Uhu , die Jagd auf die Strumpfbandnatter macht, ist einen weiteren Schritt von den grünen Pflanzen entfernt – ist aber immer noch auf sie angewiesen.

Aasfresser wie Aaskäfer ernähren sich vom Kadaver der Eule; Die Überreste werden dann von **Zersetzern , hauptsächlich Bakterien,** angegriffen , die das tierische Gewebe in grundlegende organische Verbindungen zerlegen.

Der Boden , angereichert mit den Mineralien sowie Kohlenstoff- und Stickstoffverbindungen, die ihm durch die Zersetzer (und durch andere Prozesse wie Feuer) hinzugefügt werden, unterstützt das Wachstum neuer grüner Pflanzen.

Somit fließt die aus der Sonne gewonnene Energie in einer Nahrungskette durch das Ökosystem. Eine Pflanzen- und Tiergemeinschaft ist ein komplexes, ineinandergreifendes Netz solcher Nahrungsketten.

Sonne

Grüne Pflanzen

Rotrückenmaus

Strumpfbandnatter

Große, ehrenwerte Eule

Aasfresser, Zersetzer

Boden

Eine Zahlenpyramide

Notwendigerweise übersteigt die Anzahl der Pflanzen in einem Ökosystem die Anzahl der Pflanzenfresser bei weitem, und die Anzahl der Beutearten muss die Anzahl der Raubtiere übersteigen. Im Laufe seines Lebens frisst ein Steinadler eine große Anzahl kleinerer Tiere. Die Gesamtmasse der Beutetiere, die ein Adler zum Leben braucht, übersteigt die des Adlers selbst bei weitem. Ökologen bezeichnen dieses proportionale Massenverhältnis zwischen den einzelnen Gliedern der Nahrungskette als *Zahlenpyramide*
.

Das Diagramm stellt eine Zahlenpyramide für die Alpenzone dar. Aufgrund ihrer begrenzten Umgebung beherbergt die alpine Zone eine geringere Pflanzenmasse als die Waldzone. Dadurch ist die Tragfähigkeit der Alpen geringer als die des Waldes.

Kilo

Tertiärkonsumenten (dritte Ordnung) sind die Raubtiere (Steinadler, Swainson- Falke usw.) die sich von anderen Raubtieren ernähren. Aufgrund des Energieverlusts von 90 % auf jeder Ebene der Nahrungskette wird es im Vergleich zur Anzahl der Murmeltiere nur sehr wenige Falken und Adler geben.

0 Kilo

Sekundärkonsumenten sind die Raubtiere (Wiesel, Spitzmäuse, fleischfressende Insekten und Vögel usw.), die Pflanzenfresser fressen. Die Tiere auf dieser Ebene der Pyramide sind oft – wenn auch nicht immer – größer als die Tiere, von denen sie sich ernähren. Ihre Zahl ist jedoch weitaus geringer, da viele Beutetiere erforderlich sind, um ein Raubtier zu ernähren.

00 Kilo

Primärkonsumenten (Pflanzenfresser oder Pflanzenfresser) wandeln Pflanzengewebe in Tierfleisch um. Dabei gehen etwa 90 % der als pflanzliche Nahrung gespeicherten Energie verloren, meist als Wärmeenergie. Zu den Pflanzenfressern der Alpengemeinschaft zählen Hechte, Murmeltiere, Erdhörnchen und Schneehühner sowie pflanzenfressende Insekten.

.000 Kilo

Produzenten sind die grünen Pflanzen an der Basis der Ernährungspyramide, die Nahrung für die Tiere der Alpengemeinschaft herstellen. Die *Biomasse* (Gesamtgewicht) jeder Stufe der Nahrungskette beträgt das Zehnfache (mehr oder weniger) des Gewichts der darüber liegenden Stufe: 1.000 Kilo grüne Pflanzen produzieren nur 100 Kilo Primärkonsumenten.

Virginia-Uhu sind das nächtliche Äquivalent zu Coopers Habichten und Habichten in den tief gelegenen Wäldern des Parks. Sie sind groß und kräftig und können Beute bis zur Stinktiergröße erbeuten. Dieser junge Vogel, der an seinem Tagesquartier gestört wurde, klapperte mit dem Schnabel und schüttelte bedrohlich sein Gefieder.

Der einzige größere ausgewachsene Bestand an Ponderosa-Kiefern im Park befindet sich entlang des North Fork Truck Trail. Eine Vereinzelung alter Ponderosa-Wälder, die am unteren Ende des Lake McDonald wachsen, deutet darauf hin, dass Ponderosa-Wälder in dieser Region früher ausgedehnter waren als heute.

Ein Schwarzbär in der Nähe von Treelimit . Bären fressen fast alles, von Ameisen bis Aas, von Gras bis Müll. Zu den Farbphasen gehören Braun- und Blondbären. Im Gegensatz zu den größeren, aggressiveren Grizzlybären, die sich in der Ebene ausbreiten, sind Schwarzbären reine Waldbewohner.

Die Wasseramsel oder Wasseramsel, ein Geschöpf des schnellen Gebirgswassers, ist hervorragend für die Bewältigung seiner anspruchsvollen Umgebung gerüstet. Stummelflügel, ein stämmiger Körper, ein kurzer Schwanz und ein öliges Gefieder ermöglichen es ihm, unter Wasser zu laufen, wo er nach Wasserinsektenlarven und kleinen Fischen sucht. Beim Auf- und Abwärtsfliegen kürzen Ouzels niemals ab, sondern folgen dem gewundenen Stromlauf.

Solange offenes Wasser vorhanden ist, erleidet die Wasseramsel keine Strapazen durch den Bergwinter. Wenn das Land dann stillgelegt wird und die Seen zugefroren sind, lebt dieser kleine Vogel in seinem Lebensraum im Gebirgsbach weiter, stürzt sich in das kalte Wasser, um Nahrung zu finden, und hält gelegentlich inne, um zu singen.

Ouzels bauen ihre Nester aus lebendem Moos auf Felswänden oder Felsvorsprüngen, wo ständiger Sprühnebel das Moos feucht hält. Als sie flügge wurden, stürzten die vier Jungen dieses Nestes in der Avalanche Gorge einer nach dem anderen in den darunter liegenden Wildbach, um von den Erwachsenen in ruhigerem Wasser flussabwärts gesammelt zu werden. Innerhalb eines Tages schienen sie die Unterwassergymnastik zu beherrschen und ernährten sich selbstständig.

Von ihren Tiefland-Überwinterungsgebieten ziehen Wapiti im Frühjahr in höhere Lagen. Das Sommerangebot im Park ist reichlich vorhanden, das Winterangebot ist jedoch begrenzt. Infolgedessen neigen Wapiti dazu, ihre Populationen über die Tragfähigkeit les verfügbaren Wintergebiets hinaus zu vergrößern. In einem strengen Winter erhungern viele. Aber in einem ausgeglichenen Ökosystem ist ein solcher Verlust keine Verschwendung, denn das Aas hilft, Aasfresser zu ernähren; Es ist eine wichtige erste Nahrungsquelle für Bären, die aus dem Winterschlaf kommen.

Zedernseidenschwänze nisten in feuchten Gebieten tiefer Täler, wo es reichlich Früchte und Beeren gibt. Obwohl sie sich auch von Insekten ernähren (die sie mit den Flügeln fangen können), ist ihre Schwäche für Früchte so ausgeprägt, dass die Vögel sich manchmal so lange fressen, bis sie nicht mehr fliegen können.

Das Kolumbianische Erdhörnchen kommt in allen Höhenlagen des Parks vor, von der Prärie bis zur Almwiese. Der Winterschlaf nimmt fast drei Viertel seiner fünfjährigen Lebensdauer ein. Im Gegensatz zu anderen Parkeichhörnchen lebt es in Kolonien. Obwohl der Verein nicht so streng strukturiert ist wie eine Präriehundestadt, ist er für alle Mitglieder von Vorteil, da Gefahren schnell erkannt werden.

Die Tundra-Gemeinschaft trifft man oberhalb von Preston Park auf dem Siyeh Pass Trail an. Mt. Reynolds, ein klassisches Beispiel für ein Horn, dominiert das entfernte Logan Pass-Gebiet.

Camas blüht in der Präriegemeinde entlang der Red Eagle Road . Camas-Zwiebeln waren ein wichtiges Grundnahrungsmittel und wurden von den Indianern als Nahrungsmittel gesammelt.

Auffällig sind auch viele Insekten – darunter Heuschrecken; Fliegen; Ameisen, Wespen und Bienen; Schmetterlinge und Motten; Käfer; und Käfer – die wichtige Aufgaben als Pflanzenfresser, Fleischfresser und Aasfresser erfüllen, gleichzeitig aber auch als Bestäuber für Blütenpflanzen fungieren und eine reichliche Nahrungsquelle für andere Tiere darstellen.

Unter der Erde liegen die Tunnel. Das Graben ist in der offenen Prärie ein wichtiges Überlebensmittel, und das Leben unter der Erde ist umfangreich. Einige der Tiere sind selten zu sehen – der Taschenratten zum Beispiel, der sich von unterirdischen Insekten, Maden, Würmern und Wurzeln ernährt, verbringt den größten Teil seines Lebens damit, Tunnel knapp unter der Oberfläche zu graben. Andere, wie der Dachs, verlassen tagsüber ihre Höhlen, um nach Nagetieren zu graben. Das auffälligste der im Grasland des Parks wühlenden Tiere ist das Kolumbianische Erdhörnchen. Seine wachsame, aufrechte Haltung hat ihm den Spitznamen „Streikposten" eingebracht. Wenn Gefahr aus der Luft oder an Land naht, gibt sein schriller Alarmpfiff die Warnung an andere seiner Art weiter.

Wo Prärie und Wald aufeinander treffen, wird ein nie endender Kampf um die Vorherrschaft geführt. Die isolierten Präriegebiete im North Fork Valley in der Nähe von Polebridge halten den großen Wald im Nordwesten des Parks in Schach.

Dieses breite Tal, dessen Boden von groben Gletscherabflüssen bedeckt ist und das bis zum tiefen Kanal des North Fork River hin terrassiert ist, stellt ein anschauliches Schlachtfeld zwischen Gras und Bäumen dar. Douglasie, westliche Lärche und Ponderosa-Kiefer säumen die oberen Terrassen, von denen sie wie eine Kriegerreihe auf die trockenen, gut entwässerten Grasebenen herabblicken. Sämlingsbäume dringen ständig in die Prärie ein. Die meisten gehen jedoch früh zugrunde, da ihre flachen Wurzeln den ausgedehnten Wurzelsystemen der schnell wachsenden, feuchtigkeitshungrigen Gräser nicht gewachsen sind. Wenn sie jedoch durch eine Reihe nasser Sommer gefördert werden, gewinnen die jungen Lodgepoles schnell an Größe. Sie hatten in Big Prairie bedeutende Fortschritte gemacht, als der verheerende trockene Sommer 1967 die meisten dieser 15 Jahre alten Pionierbäume tötete.

Diese North Fork-Graslandschaften und die unmittelbar umliegenden Kiefernwälder sind ein wichtiges Quellgebiet. Hirsche, Wapiti und Grizzlys – und in den feuchteren Gebieten auch Elche – grasen oder grasen hier. Und hier, tief an den Westhängen der Livingston Range, befinden sich die einzigen Ponderosa-Kiefernbestände des Parks, ein Baum, der warme, trockene Lebensräume bevorzugt. Infolgedessen verschmilzt es in niedrigen Lagen oft mit der Präriegemeinschaft.

Espenhaine besiedeln die östlichen Prärien in Gebieten, in denen es ausreichend Wasser und Schutz vor Wind gibt. Diese Espenparklandschaften sind wichtige Zufluchtsorte für Tiere . Überall dort, wo zwei unterschiedliche Gemeinschaften interagieren, tritt ein Phänomen auf, das als „Edge-Effekt" bekannt ist. Hier gibt es Wildtiere in Hülle und Fülle; Die Tiere, die den Wald bevorzugen, mischen sich frei mit denen, die offene Gebiete bevorzugen. Espenhaine, in denen Gräser, Kräuter und Sträucher unter ihrem dünnen Blätterdach wachsen, sind ein beliebter Aufenthaltsort für Auerhühner, verschiedene Hasen, Hirsche und Wapiti, die alle unter den Bäumen reichlich Nahrung, Schutz und Versteck finden. Die aus den gleichen Gründen hohen Populationen von Insekten, Kleinsäugern und Vögeln locken ein breites Spektrum an Raubtieren an.

Isolierte Espenhaine sind charakteristischerweise kuppelförmig. Da Espen in der Lage sind, sich vegetativ zu vermehren, dehnt sich der Hain vom Mutterbaum aus langsam nach außen aus. Infolgedessen sind die meisten dieser Haine entweder ausschließlich männlich oder ausschließlich weiblich.

Da schnell wachsende Espen eine reiche Nahrungsquelle für Biber darstellen, werden Bäche in der Nähe dieser Bäume häufig von den Nagetieren aufgestaut, die das Tiefland überschwemmen und zusätzlichen Lebensraum in Form von Weidenflächen schaffen. Ein weiterer „Randeffekt" wird festgestellt, der Tiere anlockt, die sich in der Nähe von Wasser befinden. Wasservögel, Sumpfvögel, Elche, Nerze, Bisamratten, Stinktiere, Amphibien und viele andere finden solche Gebiete nach ihrem Geschmack.

Vor dem Erscheinen des weißen Mannes waren diese östlichen Prärien ein Paradies für Tiere. Als ich einmal auf dem Gipfel des Rising Wolf war und mir vom Aufstieg und der Aussicht auf die endlose Prärie benommen war, bildete ich mir ein, dass sich vor mir dieses weite, ungestörte Tierpanorama ausbreitete.

Hauptsächlich waren es die Bisons, die das unebene Land verdunkelten. Gabelbockbänder blitzten weiß auf Bergrücken auf, und Elche zogen durch die langen Weidenzweige, die sich mit den Flüssen nach Osten erstreckten. Karibus und Wölfe lebten in den Schatten. Zwischen riesigen Städten streiften Präriehunde, schnelle Füchse und Grizzlys. Man hörte das Geschrei der Kraniche und die weißen Wolken der Trompeterschwäne.

Dieses Land, das mit einer Fülle wilder Gräser ausgestattet ist, trug seine Wildnis gut.

Der Wald

Am Gunsight Pass, als der Regen niederprasselte, fand ich einen scharfkantigen Felsen, der den Kontinent in zwei Teile teilte. Auf beiden Seiten flossen die Regenbäche herab, wobei ein Bruchteil eines Zolls das Ziel des Baches bestimmte: Pazifik oder Atlantik.

Die Kontinentalscheide ist eine mächtige Barriere, eine Folgelinie, die mehr als nur Wassereinzugsgebiete bestimmt. Seine Wirkung in Glacier ist dramatisch, wie ein Blick in die Wälder zeigt.

Indem sie den ostwärts gerichteten Fluss der feuchtigkeitsbeladenen Pazifikwinde behindert, entzieht die Wasserscheide der Luftmasse jedes Jahr eine große Menge an Niederschlägen und zwingt sie dazu, die Bergkette hinaufzusteigen, wo sie abkühlt und kondensiert. Hauptnutznießer sind die niedrigen westlichen Täler, die mit einem üppigen Wachstum pazifischer Küstenwälder reagieren.

Die östlichen Täler hingegen, denen es an reichlicher jährlicher Feuchtigkeit mangelt und die den Wind- und Temperaturverwüstungen des kontinentalen Klimas der Prärie ausgesetzt sind, beherbergen eine völlig andere Art von Wald. Hier sind Engelmann-Fichte und subalpine Tanne die Höhepunktbäume, im Gegensatz zu Bäumen wie der westlichen Rotzeder und der westlichen Hemlocktanne des milden und feuchten McDonald-Tals.

Durch die Höhenlage wird die Verbreitung der Baumarten zusätzlich eingeschränkt. Da sich die klimatischen Bedingungen je nach Höhenlage ändern – niedrigere Temperaturen führen zu kürzeren Vegetationsperioden und stärkere Windeinwirkung, was zu einem größeren Feuchtigkeitsverlust durch Verdunstung führt – würden wir erwarten, dass sich die Zusammensetzung des Waldes ändert, wenn wir einen Berghang hinaufsteigen. In Glacier sind die östlichen Täler durchschnittlich 240 Meter höher als die westlichen, und selbst wenn sie mehr Feuchtigkeit hätten , würden sie die Rotzedern und Hemlocktannen nicht ernähren. Alle Pflanzen haben Verbreitungsgrenzen, manche schmal, manche breit; und sie zeichnen sich dort aus, wo ihre besonderen Vorlieben hinsichtlich Feuchtigkeit, Boden, Sonnenlicht und Windeinwirkung am besten erfüllt werden. Auf Standorten, die ihren optimalen Ansprüchen nicht genügen, droht ihnen eine Verdrängung durch Arten, die besser an die vorherrschenden Bedingungen angepasst sind.

Auch die physikalischen Merkmale des Landes bestimmen die Vegetation. Bestimmte Bäume bevorzugen die feuchten Bereiche entlang eines Bachbetts – zum Beispiel die großen schwarzen Pappeln. Und an steilen Hängen verhindern Lawinen das Wachstum von Kletterbäumen und ermöglichen stattdessen nur strauchiges, biegsames Wachstum – Eberesche, Bergahorn, Erle, Menziesia .

Waldgesellschaften werden nach ihren vorherrschenden Baumarten benannt. Daher wird ein Gebiet, in dem die Douglasie vorherrscht, als „ Douglasienwald “ bezeichnet. In Glacier gibt es Wälder, in denen die Douglasie die Hauptart ist; Dabei handelt es sich hauptsächlich um trockene Gebiete unterhalb von 1.800 Metern mit Süd- und Westausrichtung. Normalerweise assoziieren wir den Park jedoch mit seinen Wäldern aus Engelmann-Fichten und subalpinen Tannen, die ausgedehnt zwischen 1.200 und 2.100 Metern zu finden sind, und mit den Wäldern aus westlicher Rotzeder und westlicher Hemlocktanne im McDonald-Tal.

Da Wälder langsam reifen und Veränderungen normalerweise nicht wahrnehmbar sind, sind wir versucht, sie als statisch und ewig zu betrachten. Da ein Wald aber eine Gemeinschaft von Lebewesen ist, reagiert er auf Veränderungen in der Umwelt. Kleinere physikalische oder klimatische Veränderungen, wie etwa ein steigender oder fallender Grundwasserspiegel oder ein leichter Anstieg oder Rückgang des Jahresniederschlags, begünstigen einige Baumarten und behindern andere und verändern schließlich die Zusammensetzung des Waldes.

Andere Veränderungen sind dramatischer. Das bemerkenswerteste davon ist Feuer.

Vom Feuer zum Wald

Hitzeblitze schimmern lautlos hinter den westlichen Gipfeln. Dann das erste leise Grollen. Zuerst blitzte es von Wolke zu Wolke, aber jetzt, da der Sturm näher rückt, tauchen die ersten Bodenspeere auf und erhellen die Nacht. Hier ist ein großer Sturm, vielzellig, der immer mehr Gebiete unter seiner wütenden Masse verschlingt. Blitze tanzen in den trockenen Augustwald . In ihren Türmen bleiben die Wachen wach.

Knapper Schlag und Aufflammen! Der Grat brennt wie eine römische Kerze und sendet helle Glut nach unten. Tal, Bergrücken und Gipfel blinken in blauem Licht auf und ab, während der Sturm wie nächtliche Artillerie brüllt.

Der niedrige Wolkenbauch zieht über uns vorbei und bringt plötzlich einen Regenschauer mit sich. Doch damit nicht genug: Morgen wird es stundenlange Brandwache geben.

Der nächste Tag bricht klar an, ein Morgen mit starkem Tau. Die Grateinschläge haben den Wald nicht entzündet. Bei der Inspektion der Sturmbahn konnten Flugzeuge und Beobachtungsposten keine Hinweise auf einen Brand feststellen.

Doch zwei Tage später, an einem Morgen mit starkem Wind, steigen dünne Rauchwolken in die Höhe. Im dichten Dreck des Waldbodens schwelt ein glühender Punkt, der im Wind explodiert. Es breitet sich schnell von einem Hektar auf zehn aus, während die Quadranten gerufen und die Spitzentrupps entsandt werden; dann auf hundert, die Rauchbomber heranziehen und das riesige Feuerleitnetz mobilisieren. Tausend Hektar, vielleicht zehntausend, könnten in dieser Woche mit großen Bränden brennen.

Im entstandenen Skelettwald ist das Bild der Verwüstung geradezu überwältigend: Das Leben scheint aus dieser geschwärzten Ruine für immer ausgeschlossen zu sein. Aber Feuer ist für Waldgemeinschaften nichts Neues. Wir denken vielleicht, dass Feuer dämonisch ist, weil es diesen Block ausgewachsenem Wald unserer Lebensspanne raubt, ein Anblick, den wir an diesem Ort nie wieder sehen werden. Doch die Natur orientiert sich nicht an menschlichen Zeitskalen. Dieser Wald wird einfach näher an seinen Ausgangspunkt zurückgedrängt, um seinen langen Weg in Richtung einer Höhepunktvegetationsbedeckung erneut zu beginnen.

Waldnachfolge

Durch eine Reihe komplexer Vegetationsstadien, die jeweils durch unterschiedliche Kräuter, Bäume und Sträucher gekennzeichnet sind, kehrt der Wald langsam zu der Vegetationsart zurück, die am besten zu den physikalischen und klimatischen Bedingungen des Standorts passt. dies wird als Höhepunktgemeinschaft bezeichnet. Die Tatsache, dass sich die meisten Wälder von Glacier in einem gewissen Stadium der Erholung von den Bränden befinden, ist zum Teil für das Mosaik der Waldbedeckung verantwortlich, das hier zu finden ist.

Der Wald von Huckleberry Mountain an der Camas Creek Road wurde 1967 durch den Brand zerstört. Bis 1969 wuchsen zwischen den verkohlten, leblosen Stämmen des ehemaligen Waldes üppiges Gras und sonnenliebende Weidenröschen, Disteln und Pinsel. Und 1974 waren die Setzlinge der Drehkiefern entlang der Straße ein bis zwei Meter hoch. Lodgepole ist ein schnell wachsender Baum, der zum Keimen volle Sonne benötigt. Für die Regeneration dieser Bäume ist ein Waldbrand notwendig: Durch die starke Hitze öffnen sich die fest verschlossenen Zapfen und geben die Samen frei, die den Wald gründen werden. So entwickelten sich zwischen Weidenröschen, Spiraea, Weiden und Bergahornsträuchern junge Kiefern.

Der Lodgepole-Wald in der Nähe des Westeingangs des Parks entwickelt sich seit 1929, als ein Feuer den Redcedar-Hemlocktanne-Wald im Gebiet zwischen Apgar und West Glacier zerstörte. Unter den vereinzelten Spitzen alter Lärchen, die den Brand überstanden haben, sind nun die Pfähle emporgewachsen und bilden ein Blätterdach, das den Waldboden beschattet. Da Lodgepole nur etwa 80 Jahre alt werden und im Schatten nicht keimen, wird dieser Wald nicht lange existieren. Schattentolerante Setzlinge der Douglasie, der Weißkiefer, der Engelmann-Fichte und der Westlichen Rotzeder setzen sich nun durch. Aber die physikalischen Eigenschaften dieses Gebiets – das Klima, das Gelände und der Boden – sind letztendlich am günstigsten für Westliche Rotzeder und Hemlocktanne; und sofern keine weiteren Störungen eintreten, wird sich dieses Gebiet irgendwann wieder in einen dichten Rotzedern-Hemlocktanne-Wald verwandeln.

Aber das wird nicht so schnell passieren. Der Boden wird nach Hunderten von Jahren der Ansammlung von Trümmern wieder reichhaltig und feucht. Junge Hemlocktannen keimen auf und in der Nähe von verrotteten Baumstämmen. Wenn alte Lärchen, Tannen und Kiefern fallen, nehmen die langsam wachsenden Rotzedern und Hemlocktannen ihren Platz im Blätterdach ein.

Die Waldnachfolge ist eine kompliziertere Geschichte. Es ist eine faszinierende Studie über Kräuter, Sträucher, kleine und große Bäume und Tierpopulationen. Von Ort zu Ort wird es unterschiedlich sein; nur in seinen groben Umrissen ist es vorhersehbar. Es basiert auf der Beobachtung, dass sich ein Wald – oder jede andere Pflanzengemeinschaft – mit der Zeit so weit entwickelt, bis er seinen Höhepunkt erreicht – das heißt, das Stadium, in dem er sich verewigt.

■

Wie sollen wir dann über Feuer denken? Experten befassen sich zunehmend weniger mit der Brandbekämpfung als vielmehr mit der Brandbewältigung. Denn die Unterdrückung hat mindestens drei Nachteile: Sie ermöglicht die Ansammlung unverbrannter Brennstoffe, die bei ihrer endgültigen

Entzündung zu „Feuerstürmen" führen können; Ein undiversifizierter Klimaxwald ist anfälliger für Krankheiten als ein Mischwald. und ein dichtes Walddach hemmt das Strauchwachstum, eine wichtige Nahrungsquelle für Hirsche, Wapiti, Elche und kleinere Tiere.

So wie das Wohlergehen der Hirschherde von den Raubtieren abhängt, die ihre Zahl verringern, so hängt das langfristige Wohlergehen des Waldes davon ab, dass Feuer ihn regelmäßig verjüngt. Wir müssen uns darüber im Klaren sein, dass Wildnis mit Feuer, Erdrutsch, Lawine, Unwetter und Überschwemmung gleichgesetzt wird. Die Natur hat nicht nur gelernt, mit diesen Faktoren des Wandels umzugehen – sie ist auch auf sie angewiesen, um das empfindliche Gleichgewicht zwischen Landschaft und Leben aufrechtzuerhalten. Im Geschäft der Natur geht es schließlich um mehr als nur darum, das menschliche Auge zu erfreuen.

Fichtenmorgen

Ausgerechnet einen Stein in meinen Stiefel bekommen! Ich war gerade erst losgefahren, der Morgen war noch kühl in diesem östlichen Tal und der schwere Rucksack biss mir noch nicht in die Schultern. Ich setzte mich neben den Weg, lehnte den Rucksack gegen den Fuß einer alten Fichte und begann, ihn aufzuschnüren.

Ich konnte das Kratzen des roten Eichhörnchens hören, das herabkam, um nachzusehen, aber ich schaute nicht auf, bis es mit langem, empörtem Geplapper losließ, als es feststellte, dass sein Territorium angegriffen wurde. Ich warf den Kieselstein heraus und fing an, meinen Stiefel neu zu schnüren . Vorsichtig kam das Eichhörnchen herunter, hielt oft inne, um zu schimpfen, sein Unterkiefer zitterte vor Wut und entblößte gelbe Nagetierzähne. Benachbarte Eichhörnchen machten mit und bald tanzten die Bäume mit zuckenden Schwänzen.

Das Eichhörnchen kam herunter, fast bis zum Boden, dann rannte es wieder den Baum hinauf und blieb an jedem Seitenzweig stehen, um lautstark eine Breitseite zu liefern. Da die anderen Eichhörnchen keine Gefahr für sich selbst sahen, gaben sie den Aufruhr bald auf und gingen ihrer morgendlichen Arbeit nach. Ich begann zu vermuten, dass ich ein schwerwiegenderes Vergehen beging als die bloße Ausübung der Rechte der Hausbesetzer – vielleicht bedrohte ich den Vorrat an Tannenzapfen. Dann schoss in den Winkel meines Blickfelds eine andere Gestalt, die lautlos wie ein Schatten vorbeizog; Das Eichhörnchen sah es auch – aber zu spät. Mit einem leisen, erschrockenen Quietschen begann das Nagetier höher zu steigen; aber der Baummarder war darüber. Das Eichhörnchen drehte sich schnell um und ließ Rindenstückchen herabregnen.

Als das Eichhörnchen verzweifelt vom Baum sprang, überholte es der Marder mitten in der Luft; Sie kamen zusammen herunter. Der Marder klammerte sich fest an das schlaffe Tier und schritt die Böschung einer umgestürzten Fichte hinauf. Bevor es auf einen höher gelegenen Felsvorsprung sprang, um zu verschwinden, schaute es mich kurz an. Ich bildete mir ein, in seinen Augen eine gewisse Erkenntnis zu erkennen, dass ich seine Beute abgelenkt hatte.

Eine Brise ließ mich zittern und riss mich von der schnellen Vision des üppigen Fells zurück, dieser blendenden Anmut, die ihren orangefarbenen Halsfleck durch die Bäume blitzen ließ, und mir wurde klar, dass ich schwitzte. Für einen Moment war ich dieses Eichhörnchen gewesen, mit vor Angst weit aufgerissenen Augen, das sah, wie sich das Schicksal niederschlug, und machtlos gegenüber der natürlichen Ordnung der Dinge.

Der Vorfall brachte die anderen Eichhörnchen wieder zum Singen; aber das Selbstvertrauen war verschwunden, und bald war es still. Welche Träume träumen Eichhörnchen?, fragte ich mich, als ich mich umsah. Damals sah ich diesen Ort deutlicher, da ich zwischen einem Marder und seiner Beute gefangen war. Ich sah jede Fichte: ihr Alter, ihren Zustand, die Angriffe, denen sie ausgesetzt war; das Bärengras kommt in einer Öffnung empor; und den Weg hinunter eine Wiese, die gelb, weiß und rot war mit Schwefelpflanzen , Mariposa und indischem Pinsel. Bienen, Fliegen, Spinnen und Schmetterlinge arbeiteten in dem kleinen Garten zwischen den dichten Bäumen. Unzählige Lebensformen unter der Erde und der Rinde, in Tunneln, Spalten, Löchern und Taschen, die ungesehen daran arbeiten, ihr Leben zu erhalten, und irgendwie, wenn man alles zusammenzählt, auch den Wald erhalten.

Ein Flackern rief, sein lautes *Kleeyer durchbrach* die Stille im Wald. Vögel, Säugetiere, Pflanzen, Insekten – sie alle verstecken sich hier zusammen, ihr Leben ist so kunstvoll gestickt, dass es keinen losen Faden gibt, den mein Verstand fassen könnte, um das Werk zu entwirren und zu verstehen.

Der Wald war einst ein Ort gewesen, der mir die Sicht versperrte, eine große Leere, durch die ich schreiten musste, ein paar Stunden notwendiger Unschärfe, bevor ich den hohen See oder Pass erreichte. Jetzt war ich ganz zufrieden damit, eine Weile unter diesen großen Baumstämmen zu bleiben .

■

Ein Wald unterstützt wie die Berge selbst verschiedene Lebensebenen. Der Boden und das Substrat sind eine großartige Verarbeitungsanlage, in der Bakterien, Pilze und Insekten arbeiten, die Pflanzen- und Tierabfälle zersetzen, totes und weggeworfenes Gewebe wieder in einfachere organische Verbindungen, Gase und Mineralien recyceln und so den wachsenden

Pflanzen Nahrung bieten. Wie Spinnen, Spitzmäuse, Zaunkönige und Drosseln zu wissen scheinen, lässt sich auf dem Waldboden gut jagen.

Direkt über dem Waldboden befindet sich die Kräuterschicht, eine saisonale Wachstumsschicht mit Blumen, Pilzen, Gräsern und anderen kleinen Pflanzen.

Darüber wächst die Strauchschicht, dann das Unterholz junger Bäume, die auf ihre Chance warten, hoch oben im Blätterdach des Waldes Platz zu nehmen. Vom schwankenden Blätterdach, das der vollen Kraft von Sonne und Wind ausgesetzt ist, bis zum dunklen, feuchten Boden bietet der Wald ein breites Spektrum an Lebensräumen.

In den Baumwipfeln leben relativ wenige Tiere. Die fast ununterbrochene Bewegung macht das Nisten für Vögel zu gefährlich. Rote Eichhörnchen wagen sich hinauf, um im Blätterdach Zapfen zu schneiden, lagern ihre Beute aber und bauen ihre Nester weiter unten.

Im mittleren Bereich zwischen Blätterdach und Unterholz nisten Habichte und Habichte . Spechte, Kleiber und Saftsauger fressen an den Baumstämmen und nisten in Hohlräumen, die sie ausgraben oder sich aneignen. Rote Eichhörnchen und die nachtaktiven Flughörnchen sorgen hier für einen großen Verkehr, zusammen mit den Mardern und Eulen, die sie jagen.

Die Unterholz- und Strauchschichten beherbergen die meisten Brutvögel. Hier werden die Auswirkungen von Sturm und Regen minimiert und der Schutz ist am größten. Vireos, Drosseln, Grasmücken, Kolibris, Drosseln, Fliegenschnäpper und andere können im Gewirr dieser manchmal undurchdringlichen Schicht gefunden werden.

Das am dichtesten besiedelte Gebiet, der Waldboden, beherbergt eine erstaunliche Fülle an Organismen. Unter dem geschäftigen Verkehr von Mäusen, Spitzmäusen und größeren Tieren befindet sich eine verwirrende Vielfalt an Insekten und anderen Wirbellosen. Die Abnutzungsrate im Müll des Waldbodens – ein ständiges Schlachtfeld, das schwer zu verstehen ist – ist enorm. Je kleiner der Organismus ist, desto größer ist seine Anzahl. In diesem humusreichen, feuchten Boden wimmelt es von Bakterien, und in einer Handvoll finden sich überraschend viele kleine Spinnen, Pseudoskorpione und fast mikroskopisch kleine Milben.

Jedes Jahr fallen etwa zwei- bis dreitausend Kilogramm Trockengewicht auf einen durchschnittlichen Hektar Wald. All diese pflanzlichen und tierischen Abfälle – Zweige, Blätter, Äste, umgestürzte Bäume, Federn, Haare, Fäkalien und Kadaver – werden von den Zersetzern verarbeitet, die auf dem Waldboden gedeihen. Mit Hilfe größerer Lebewesen, die das pflanzliche und tierische Gewebe aufbrechen, sind die meisten mikroskopisch kleinen

Bakterien in der Lage, täglich das Hundert- bis Tausendfache ihres Eigengewichts zu zersetzen.

Im Wald sterben nur wenige Bäume an Altersschwäche. Die Sterblichkeitsrate der Sämlinge ist zwangsläufig hoch, da jedes Jahr weitaus mehr Samen keimen, als reif werden können. Viele von ihnen fallen den allgegenwärtigen Gefahren von Krankheiten, Insektenbefall, Unwettern, Bacherosion und Bränden zum Opfer. Allein Insekten stellen eine gewaltige Bedrohung für Bäume dar, denn sie haben alle Angriffsmöglichkeiten entwickelt – sie kauen Blätter und graben sie ab, bohren sich in Zweige, fressen Kambium und Kernholz, saugen Saft und lösen Gallen aus. Wenn sich die Insektenwelt nicht selbst überwachen würde, unterstützt von Spinnen, insektenfressenden Vögeln und anderen Tieren, würden Wälder und andere Pflanzenarten schnell vor der kauenden, langweiligen und saugenden Horde verblassen.

■

Durch die Bäume sieht man im Licht der Zitadelle, wie der Morgen vorbeizieht. Als ich aufstehe, sehe ich, wie eine Strumpfbandnatter auf den staubigen Pfad hinausgleitet und nach der sonnenwarmen Erde sucht. Er bewegt sich langsam, achtet auf Gefahren und tastet häufig mit seiner empfindlichen Zunge die Luft ab. Aber gegen den hellen Duff bietet seine dunkle Form ein gutes Ziel und lädt zum Angriff ein. Ein Streifenhörnchen, das von einem nahegelegenen Aussichtspunkt aus zuschaut, zuckt nervös mit dem Schwanz über seinen Rücken, neugierig – vielleicht sogar misstrauisch – beim Anblick einer Schlange. Ganz leicht hebt sich der Kopf der Schlange, ihre Zunge flackert. Für ein paar Sekunden betrachten sich Reptil und Nagetier. Dann lässt sich das Streifenhörnchen lautlos in seinen hohlen Baumstumpf zurückfallen und die Schlange senkt ihren Kopf auf den warmen Boden.

Eines Tages wird ein Sperber oder ein Wiesel das morgendliche Sonnenbad der Schlange unterbrechen. Die Schlange versorgt Vögel oder Säugetiere eine Zeit lang mit Energie, während Mäuse, Jungvögel und Insekten die Schlange nun ernähren. Auch das Streifenhörnchen, das in der Nähe herumstöbert, lebt im Schatten von Krallen und Zähnen.

Bis zu diesem Zeitpunkt der scharfen Begegnung hat jeder seine eigene Nische, seine eigene Lebensweise, einen Sonnenstrahl und genügend Nahrung.

Ein Spaziergang im Redcedar Forest

Höhepunkt! Unter diesen breit angelegten Bäumen erhält das Wort eine wahre Bedeutung. Wenn Sie diesen Wald betreten, folgt Ihnen der Straßenlärm nicht weit – und wenn Sie in eine Höhle gehen und um eine Ecke biegen, bleiben Ton und Licht zurück. Es herrscht eine überraschende Weite, ein Gefühl der Offenheit in einem reifen westlichen Redcedar-Wald. Mit dem spärlichen Unterwuchs und dem so weit darüber liegenden und überall vollständigen Baldachin wirkt es wie eine riesige Katakombe mit hohen Decken, die von riesigen Zedern mit struppiger Rinde und den tief eingekerbten Stämmen der schwarzen Pappeln getragen wird. Der Boden ist übersät mit gefallenen Riesen in prächtiger Unordnung, emporragende Wurzeln greifen immer noch in gebrochenes Gestein.

Ein regnerischer Tag ist eine gute Zeit, um auf einem Zedernpfad zu wandern, wenn das trübe Licht aus dem nassen Moos zu scheinen scheint und die Unterblätter von Teufelskeulen- und Rocky-Mountain-Ahorn zum Leuchten bringt. Wind und Regen dringen ebenso wie Licht nur schwer durch das Gitterwerk dieses Baldachins; Über den Mooren bilden sich dünne Nebelschwaden. Die Luft ist frisch mit wachsenden Pflanzen und noch schneekalt, wenn die ersten Frühlingsblumen erscheinen.

Im Mai säumen Fiedelköpfe sich entfaltender Frauenfarne den Weg und ragen aus der Mitte der abgeflachten, leblosen Wedel des letzten Jahres empor. Trilliumbeete leuchten mit ihren weißen, dreizackigen Blüten wie Taschenlampen in den dunklen Nischen. Im Gegensatz zur kleinen, versteckten Calypso-Orchidee, die ihre violetten Ähren und ihren gelben Schlund tief über dem Moos trägt, machen die Trillien kein Geheimnis aus ihrem Frühlingswachstum. Es sind kräftige, hübsche Pflanzen, breitblättrig und hoch, mit wachsweißen Blütenblättern, die während ihrer einmonatigen Blüte einen violetten Farbton annehmen.

Moos bedeckt alles. Felsbrocken sind grün und wirken schwerelos, widerstandsfähig und werden von Miniaturwäldern aus Zedernsämlingen gekrönt. Alte umgestürzte Bäume sind mit Moosdecken bedeckt, aus denen hier und da Hemlocktannen sprießen. Die satten Grüntöne, die Glaciers Sommer charakterisieren, scheinen hier inmitten der feuchtigkeitsglänzenden Blätter von Twinflower, Bunchberry und Bead-Lily zu beginnen.

Später werden die Spinnen Tausende Kilometer hauchdünner Fäden zwischen den Bäumen spinnen. Die Kugelweber hängen ihre Netze hoch und tief in jede Öffnung. Wenn Sie dann durch den Wald gehen, werden Sie Sonnenstrahlen sehen, die in den höheren Netzen wirbeln, bis sie aussehen, als würden sich Wipfel zwischen den Baumstämmen drehen .

Indianpipes , die „Geisterblumen", die zum Wachsen kein Licht brauchen, werden den Waldboden durchbrechen. Wie Pilze, deren Fruchtkörper von unterirdischen Myzelien ernährt werden , nehmen diese Saprophyten ihre Nährstoffe von einem Pilz auf, der ihre Wurzeln bedeckt.

Da die Redcedar-Hemlocktanne-Gemeinschaft am Glacier durchschnittlich etwa 18 Zentimeter mehr Jahresniederschlag abbekommt als die Wälder östlich der Wasserscheide, hortet sie ihre Feuchtigkeit. Sein dichter Bewuchs und die umliegenden Bergwände hemmen die Zirkulation trocknender Winde. Moose und Farne geben ihre Feuchtigkeit ab, die man spüren kann; Legen Sie Ihre Hand nah an die Luft und Sie werden eine Kühle spüren, wie die Luft, die aus einer Eishöhle ausströmt. Von den Ästen der Bäume hängen lange Fäden aus Squawhair und Ziegenbart , schwarzen und grauen Flechtensträngen, die in der feuchten Luft gedeihen.

Außer dem Schwarzbären leben nur wenige große Tiere im tiefen Wald. Grizzlys finden besseres Futter auf Wiesen oder am Waldrand. Da der Schatten das Wachstum von strauchigem Unterholz verhindert, suchen Hirsche und Wapiti woanders nach Weide. Im Sommer wandern Wapiti, Grizzlybären und Maultierhirsche gerne auf hohe Wiesen.

Im Gegensatz zu den lauten, auffälligen Vögeln der Prärie – Wiesenlerchen und Bobolinks – wirken die Vögel des Waldes schwer fassbar und geheimnisvoll. Obwohl zahlreich, werden die verschiedenen Drosseln, Townsend-Solitaires und Swainson- Drosseln, selten gesehen; aber wenn sie sich nähern, fliegen sie lautlos davon und werden vom Waldschatten verschluckt.

In einem reifen Wald scheint Ruhe zu herrschen, als ob der Kampf ums Überleben irgendwie unterbrochen wäre und die Bedürfnisse der Tiere hier weniger dringend und gedämpft wären. Der hoch aufragende Redcedar-Wald scheint überhaupt kein Schlachtfeld zu sein, sondern eher ein Denkmal dafür, was die Erde leisten kann.

Die senkrechte Nacht

Hinter dem Avalanche-Campingplatz führt ein Pfad zurück zur Lake McDonald Lodge. An einem Juniabend beschloss ich, ihm zu folgen, um das Gefühl zu erleben, wie sich der tiefe Wald in die Nacht verwandelt. Da die nahegelegene Bergwand die Sonne abfängt, dämmert es in diesem Tal früh. In der Prärie zieht die Nacht in einer gleichmäßigen Linie über die Landschaft, direkt wie eine zunehmende Flut; Man kann fast spüren, wie sich der Globus von der Sonne abwendet. Es ist beruhigend, wenn die Nacht hereinbricht und ihr gleichmäßiges Purpur den Himmel überzieht.

Aber hier scheint Dunkelheit aus der Erde zu sprießen. Es sammelt sich unter den Hemlockbüscheln und überbrückt die Bachböden . Es scheint von Ort zu Ort zu huschen. Du schaust dich unruhig um und versuchst, es hier oder da zu fangen, verfehlst aber immer seine Eindringlinge. Es fängt die engen Lichtungen ein, wenn man wegschaut; Taschen voller Baumdunkelheit vereinen sich und drängen das Licht nach oben, bis die Baumwipfel unvorstellbar hell und fern erscheinen.

Durch die Bäume konnte ich ein Dutzend Feuer im wachsenden Schatten tanzen sehen, Holzrauch und Lagergeräusche erfüllten die Luft. Als ich mich den Weg hinauf drehte , verspürte ich einen Widerwillen, die Präsenz dieser Feuer zu verlassen – ein sinnloses, aber starkes Gefühl. Eine wachsende Angst vor dem Wald trieb mich fast körperlich zurück in die Kreise des Feuerscheins. Ich verspürte das Bedürfnis, in der Nähe eines Feuers zu sein, um mich durch Wärme und Licht zu beruhigen. Feuer war unser größter Freund, unsere größte Waffe. Damit überwanden wir die langen Eiszeiten und hielten die Dunkelheit des Waldes fern. Hier gab es keinen Schaden, nur Stille; Doch je länger ich ging, während ringsum Bartmoos wie Dolche herunterhing, desto mehr sehnte ich mich nach der Kameradschaft des Feuers.

Fortsetzung auf S. 104

Der lebenswichtige Raubtier

Das gnadenlose Gesetz der Ausbeutung mag auf den ersten Blick grausam erscheinen; Aber das Raubtier spielt eine entscheidende Rolle bei der Aufrechterhaltung des Gleichgewichts der Lebensgemeinschaft. Ohne den kontrollierenden Faktor der Raubtiere vergrößern Beutetiere ihre Populationen schnell. Werden Pflanzenfresser nicht bekämpft, übersteigt der resultierende Überbestand die Tragfähigkeit des Verbreitungsgebiets. Das Nahrungsangebot nimmt rapide ab. In einem geschädigten Verbreitungsgebiet kommt es zu Konkurrenz und Stress, die normalerweise in einem massiven Absterben durch Hunger und Krankheiten gipfeln.

Ironischerweise erweisen Raubtiere ihrer Beute damit einen Dienst. Die Alten, die Kranken, die Unvorsichtigen und die Jungen fallen zuerst dem Raubtier zum Opfer. Indem sie viele junge und alte Hirsche aus einer typischen Herde entfernen, verringern Pumas den Wettbewerb zwischen den Hirschen um Wahlmöglichkeiten und halten so die Anzahl der Pflanzenfresser tendenziell auf Augenhöhe mit der Tragfähigkeit des Landes. Nur die stärksten und vorsichtigsten Hirsche überleben und stellen sicher, dass die Stärksten die Art fortführen. Wenn der Mensch dieses empfindliche Gleichgewicht stört – indem er Raubtiere vernichtet, in der Hoffnung, dass es immer mehr Wildtiere gibt –, führt das zu einer ökologischen Katastrophe. In den 1930er Jahren wurden in einem fehlgeleiteten Versuch, die Weißwedelhirscheherden im North Fork-Gebiet des Parks zu „erhalten", viele Kojoten und Pumas ausgerottet. Allein im Jahr 1935 wurden 50 Pumas getötet. Vom Druck der Raubtiere befreit, blühten die Hirsche auf. In einigen Jahren kam es jedoch zu einer starken Überforderung des normalerweise ausreichenden Angebots . Unter diesem Ungleichgewicht litten auch Wapiti („Elche") und Elche, Huftiere, die sich das Wintergebiet mit Hirschen teilen.

Einige Raubtiere sind spezialisierter als andere. Der Kanadaluchs zum Beispiel hat übergroße Füße, eine Anpassung, die ihm hilft, sich über tiefen Schnee zu bewegen, ohne die Oberfläche zu durchbrechen. Daher ist er ein effizienter Raubtier des Schneeschuhhasen, eines weiteren großfüßigen Tieres. Aufgrund dieser Anpassung ernährt sich der Luchs fast ausschließlich von Schneeschuhhasen. Folglich schwankt seine Zahl zwangsläufig mit dem 10-jährigen „Boom-and-Bust"-Zyklus des Schneeschuhs.

Der Kojote hingegen ist ein allgemeines Raubtier, das jede Beute ausbeutet, die gerade im Überfluss vorhanden ist. Sollten Mäuse oder Ziesel nicht mehr vorhanden sein, ernährt es sich von Heuschrecken und Beeren, bis die bevorzugte Beute wieder zur Verfügung steht. (Tiere, die normalerweise sowohl pflanzliche als auch tierische Nahrung fressen, werden als Allesfresser bezeichnet.) Verallgemeinerte Raubtiere sind daher besser gerüstet, um vorübergehende ökologische Ungleichgewichte zu überleben, und halten ihre Zahl von Jahr zu Jahr auf einem relativ konstanten Niveau.

Die Tiere auf diesen Seiten sind allesamt Fleischfresser und veranschaulichen verschiedene Anpassungen für den Beutefang.

Die Population des Kanadaluchses, der in den Nadelwäldern von Glacier weit verbreitet ist, schwankt zyklisch. Der Luchs ist je nach Populationszustand seiner Hauptbeute, des ebenso zyklischen Schneeschuhhasen, reichlich vorhanden oder selten.

Der Puma, der sich hauptsächlich von Hirschen ernährt, benötigt ein großes Revier. Aufgrund ihrer Stärke, Heimlichkeit und Geschwindigkeit hat die amerikanische Folklore dieser vorsichtigen Katze den falschen Ruf eingebracht, sie sei eine Menschenjägerin.

Um seine Beute zu lokalisieren, ist der Rotfuchs weitgehend auf einen gut entwickelten Geruchssinn angewiesen; Es verlässt sich auch auf sein scharfes Sehvermögen, seine Geschwindigkeit und seine Beweglichkeit, um Mäuse, Hasen, Vögel und alles andere zu fangen, was es sonst noch überfallen oder überraschen kann.

Um ihre anspruchsvollen Jungen zu ernähren, jagt die Swainson- Drossel am Waldboden und im dichten Unterholz nach Insekten. Diese Drossel verlässt sich auf ihr geheimnisvolles Verhalten, um ihr Nest in Bodennähe vor der Entdeckung durch andere Raubtiere zu schützen.

Mit vergrößerten Vorderbeinen bewaffnet, wartet die Krabbenspinne auf oder in der Nähe von Blumen, um vorbeikommende Bienen, Fliegen oder andere Insekten zu überfallen. Sein Gift führt zu einer schnellen Tötung und ermöglicht es ihm, Insekten anzugreifen, die um ein Vielfaches größer sind als er selbst.

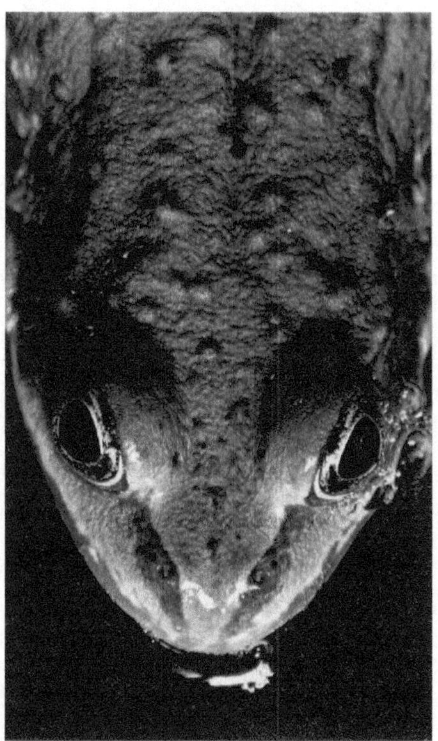

Der Gefleckte Frosch ist ein Raubtier mit großem Maul, das nicht nur Wasserläufer und andere Insekten frisst, sondern auch kleinere Frösche und kleine Fische verschlingt.

Schützende Färbung

Um der Ausrottung zu entgehen, muss jede Art ihre Feinde auf irgendeine Weise vereiteln. Die schützende Färbung ist eine der häufigsten Anpassungen, die dabei helfen. Die meisten Tiere ähneln bis zu einem gewissen Grad ihrer Umgebung. Die auffälligen Markierungen einiger Arten, wie des bitter schmeckenden Monarchfalters oder des gestreiften Stinktiers, scheinen potenziellen Raubtieren als Warnung zu dienen, dass es in ihrem besten Interesse ist, woanders nach einer Mahlzeit zu suchen.

Einige Tiere, wie das Weißwedelschneehuhn und der Schneeschuhhase, haben saisonale Veränderungen im Gefieder oder Pelage und tragen im Winter Weiß und im Sommer Braun. Sogar Raubtiere wie Langschwanz- und Kurzschwanzwiesel profitieren von der saisonalen Tarnung. Durch die schützende Färbung sind sie für Beutetiere und größere Raubtiere weniger auffällig.

Auch viele Insekten verändern je nach Jahreszeit ihre Farbe. Hellgrüne Heuschrecken im Frühsommer werden mit jeder Häutung brauner und passen sich so den Veränderungen in der umgebenden Vegetation an.

Obliterative Beschattung ist besonders wichtig für Tiere, die sich in mehr als einem Lebensraum aufhalten. Von oben betrachtet passen die Schildkröten zu ihrem dunklen Hintergrund; Von unten fügen sie sich aufgrund ihrer helleren Unterbodenbeschattung in das helle Oberlicht ein.

Eine störende Färbung hilft dabei, die Umrisse eines Tieres aufzubrechen. Schmetterlinge und Motten haben häufig störende Flügelmarkierungen. Die markanten Augenformen können kaschiert werden. Die Augenfärbung kann die Körperfarbe imitieren – wie beim Grünen Katydien – oder das Auge kann störende Körperzeichnungen aufweisen.

Am Boden brütende Vögel sind besonders anfällig für Angriffe. Ihre Eier sind in der Regel stark erdig gefleckt, was sie weniger auffällig macht. Küken tragen diese störenden Färbungen auch auf den Geburtsdaunen.

Die meisten Säugetiere mit braunem oder grauem Fell sind unauffällig, wenn sie sich nicht bewegen. Hirschkälber sind mit gesprenkeltem Fell ausgestattet, das den sonnendurchfluteten Waldboden nachahmt; Diese störende Färbung gepaart mit dem Fehlen eines Geruchs und ihrem instinktiven „Einfrierungsverhalten" macht es für Raubtiere schwierig, sie zu entdecken.

Der Weißwedelhirsch nutzt seine weiße „Flagge" nicht nur, um andere in der Herde vor Gefahren zu warnen; Es ermöglicht einem verfolgenden Raubtier auch, es als Ziel zu nutzen. Wenn der Schwanz plötzlich gesenkt wird und der helle weiße Fleck abrupt ausgelöscht wird, scheint das Reh in seiner düsteren Umgebung zu verschwinden.

Da übermäßig auffällige Tiere anfällig für Raubtiere sind, begünstigt die natürliche Selektion die Entwicklung einer geeigneten Tarnung.

Für bodenlebende Vögel wie das Weißwedelschneehuhn ist die Tarnung eine wichtige Überlebensanpassung. Das Schneehuhn passt sein Gefieder an seine Umgebung an: Im Winter ist es weiß, im Sommer gesprenkelt. Da er sich langsam bewegt und nicht fliegt, ist es weniger wahrscheinlich als bei aktiveren Vögeln, von scharfäugigen, bewegungsbewussten Raubtieren entdeckt zu werden.

Vögel, die im geschlüpften Zustand mit Daunen bedeckt sind und sich frei bewegen können, werden als *frühsozial bezeichnet* . Sie sind weniger von ihren Eltern abhängig als *altristische* Jungtiere, die beim Schlüpfen nackt und hilflos sind; In den ersten flugunfähigen Wochen sind sie jedoch stark auf die Ähnlichkeit mit ihrer Umgebung angewiesen, um zu überleben. Dieses Fichtenhuhnküken, das sich in seinen sonnendurchfluteten Lebensraum auf dem Waldboden einfügt, ist ein Beispiel für einen frühsozialen Vogel.

Das auffällige, störende Muster im Gefieder des Killdeer-Kükens hilft diesem frühsozialen Vogel, in seiner offenen Prärieumgebung nicht entdeckt zu werden. Diese

Anpassung, gepaart mit dem Instinkt des Kükens, bei Annäherung an eine Gefahr zu
rstarren, stellt sicher, dass genügend Junge überleben, um die Art zu erhalten.

Ursus arctos horribilus : **Der verletzliche König**

An der Spitze der Ernährungspyramide ist dieses große Biest zweifellos der
König der biotischen Gemeinschaft des Glacier. Doch die langfristige
Zukunft des Grizzlybären ist ungewiss. Nachdem der Grizzly aus dem
größten Teil seines früheren Verbreitungsgebiets ausgerottet wurde, das sich
einst bis in den Mittelkontinent und nach Süden bis nach Mexiko erstreckte,
ist seine Zahl im Verhältnis zu seinem verringerten Verbreitungsgebiet
zurückgegangen. Die derzeitigen Konzentrationen in den angrenzenden
Vereinigten Staaten liegen weiterhin in und um die Nationalparks
Yellowstone und Glacier. Wahrscheinlich leben weniger als 200 dieser
großartigen Kreaturen im Glacier National Park.

Grizzlies lassen sich leicht vom häufiger vorkommenden Schwarzbären
unterscheiden. Zusätzlich zu ihrer größeren Größe und ihrem schwereren
Körperbau haben Grizzlybären einen charakteristischen Schulterhöcker;
lange, auffällige Krallen; und eine breite, konkave Fläche, die ihnen ein
„gewölbtes" Aussehen verleiht. Fell ist normalerweise braun; Wie das Fell des
Schwarzbären kann die Farbe jedoch von schwarz bis gelblich reichen. Haare
mit heller Spitze lassen das Fell matt erscheinen, weshalb der Spitzname
„Silberspitz" genannt wird.

Grizzlybären, die im Volksmund als Erzräuber gelten, werden genauer als
Allesfresser beschrieben. Aas, Gräser, Kuhpastinaken und verschiedene
Arten von Beeren, Zwiebeln und Knollen bilden die Nahrung eines Grizzlys,
zusammen mit Insekten, kleinen Säugetieren und gelegentlich einem Huftier,
das er fangen kann. Daher spielen Grizzlybären in der Lebensgemeinschaft
mehrere Rollen und fungieren als Pflanzenfresser, Aasfresser und Raubtiere.

Grizzlybären sind in allen Lebenszonen weit verbreitet und folgen der
Frühlingsschneeschmelze bis zu den Almwiesen. Von November bis April
kehren sie in niedrigere Lagen zurück, um dort Winterschlaf zu halten. Ein
bis drei Junge werden mitten im Winter während des Winterschlafs geboren.
Da die mütterliche Bindung zwei Jahre dauert, akzeptiert eine Sau nur alle
zwei Jahre einen Partner. Die Sterblichkeit subadulter Tiere ist hoch, was
hauptsächlich auf die Konkurrenz zwischen den Bären selbst zurückzuführen
ist. Wie bei den meisten Tieren scheint die Reichweite – der Lebensraum –
der begrenzende Faktor für Grizzlypopulationen zu sein.

Der Grizzly ist normalerweise schüchtern und menschenscheu – aber äußerst
unberechenbar. Am gefährlichsten sind verwundete oder kranke Bären,
Sauen, die ihre Jungen verteidigen, junge Erwachsene und Bären, die sich an
den menschlichen Geruch gewöhnt haben. Da immer mehr Menschen in das

Territorium der Grizzlybären vordringen, steigt auch die Wahrscheinlichkeit einer Konfrontation. Die jüngsten durch Grizzlys verursachten Todesfälle und Personenschäden stellen ein ärgerliches Problem für den National Park Service dar, dessen Aufgabe einerseits die Sicherheit der Besucher und andererseits der Schutz der verbleibenden Grizzlypopulation im Park ist. Die fortgesetzte Erforschung der Ökologie der Grizzlybären und immer ausgefeiltere Bärenmanagementprogramme werden hoffentlich dazu führen, dass Mensch und Bär in einer Wildnis koexistieren können, die beide benötigen.

Grizzlys lieben saftige Frühlingsgräser.

Der Grizzly durchquert alle Lebenszonen im Park und ist ein wahrer Opportunist, der alles frisst, von Ameisen und Beeren bis hin zu Wapiti.

Selten wird ein Grizzly im Glacier mehr als 225 Kilogramm wiegen. Das ist ein junger Erwachsener.

Weißkopfseeadler und Kokanee-Lachs: Eine aktuelle Versammlung

Im Jahr 1916 wurde der Kokanee-Lachs, eine kleine landumschlossene Form der Pazifikküstenart, im Flathead-Einzugsgebiet gepflanzt. Mit der ersten Bepflanzung und der Ergänzung durch zusätzliche Bestände gediehen die Fische im kalten, tiefen Flathead Lake und in geringerem Maße auch im Lake McDonald. Der Lachs ernährte sich fast ausschließlich von Zooplankton.

Mitte der 1930er Jahre etablierten sich Lachsläufe. Der Auslass des Lake McDonald bietet einen idealen Laichplatz für Lachse. Das schnell fließende Wasser ist klar, kalt und flach und das Bachbett ist kiesig.

Mit einer durchschnittlichen Länge von 0,3 Metern und einem Gewicht von weniger als einem halben Kilo stellen die vier Jahre alten ausgewachsenen Lachse die Nahrungsaufnahme ein und beginnen zu wandern. Viele Tausende schwimmen die 100 Kilometer vom Flathead Lake bis zum McDonald Creek. Die Männchen erscheinen zuerst im Bach, kommen Ende September an und werden bald von den Weibchen gefolgt.

gräbt mit seinem Schwanz eine Mulde (eine flache Nestmulde) und legt etwa 650 Eier ab. Nach der Befruchtung durch das Männchen werden die Eier abgedeckt. Die erwachsenen Tiere sterben innerhalb von drei Wochen nach dem Laichen, ihre Körper sind von der anstrengenden Migrationsreise und dem wochenlangen Mangel an Nahrung erschöpft.

Aufgrund von Bacherosion und Störungen durch andere laichende Lachse kommt es häufig zu Todesfällen bei Eiern. Die Jungfische schlüpfen Ende März, arbeiten sich aus dem Kies heraus und wandern flussabwärts.

Angezogen von den 75.000 bis 150.000 Lachsen, die sich in einem drei Kilometer langen Flachwasserabschnitt konzentrieren, versammeln sich Weißkopfseeadler ab Oktober am McDonald Creek. Es ist nicht bekannt, woher die Adler kommen und wohin sie nach dem Laichgang gehen. In Glacier leben weniger als 20 im Sommer lebende Weißkopfseeadler, und diese sind auf die abgelegenen Seen des North Fork-Gebiets verteilt.

Im Jahr 1939 wurden entlang des Baches 37 Weißkopfseeadler gezählt. Bis 1969 wurden 373 Exemplare gemeldet, was etwa 10 Prozent der geschätzten Winterpopulation dieses Jahres in den angrenzenden Vereinigten Staaten entspricht. Seit 1960 wurden durchschnittlich 240 Vögel gezählt. (1977 waren es 444.)

Adler ernähren sich, indem sie herabstürzen, um Lachse aus dem Wasser zu rupfen, oder indem sie hinauswaten, um einen Fisch zu fangen, der auf einer flachen Riffel gestrandet ist. Ein Adler kann bis zu sechs Fische pro Tag fressen. Unreife Vögel sind nicht so geschickt darin, Fische zu fangen, und können erwachsene oder andere unreife Vögel dazu drängen, ihren Fang freizugeben.

Von seinem Aussichtspunkt aus untersucht dieser ausgewachsene Weißkopfseeadler die Gewässer des McDonald Creek. Das Durchschnittsgewicht beträgt 5,7 Kilogramm; Die durchschnittliche Flügelspannweite beträgt 2,2 Meter. Weibchen sind etwas größer als Männchen.

Diesem unreifen Weißkopfseeadler fehlen der bekannte weiße Kopf und Schwanz der erwachsenen Vögel. Diese Markierungen erhält es erst, wenn es mehrere Jahre alt ist.

Männliche und weibliche Kokanee-Lachse sind leicht zu unterscheiden; Je näher die Laichzeit rückt, desto mehr verändern sie ihr Aussehen. Die dunkelgrauen Rücken werden rot; Die Köpfe werden grün und die Männchen entwickeln Buckelrücken und Hakenkiefer.

Ein ausgewachsener Adler fliegt mit einem Fisch in die Höhe und macht sich auf den Weg zu einem geeigneten Sitzplatz, um seinen Fang zu verzehren. Ein strategisch platzierter Baum kann 30 Vögel enthalten.

Ein Triumph in vielen Farben

Grasland, Wiesen, Tundra oder jedes andere Gebiet in Glacier, das für Pflanzenwachstum geeignet ist und reichlich Sonnenlicht bietet, bringt eine

Extravaganz an Wildblumen hervor. Diese Darstellung verschiedener Formen und Farben ist weder ein Zufall noch eine bloße Dekoration der Natur. Auch die jüngste Explosion an Säugetier- und Vogelarten auf der Erde wäre ohne die Entwicklung der Blütenpflanzen nicht möglich gewesen.

Vor zweihundert Millionen Jahren, zu Beginn des Reptilienzeitalters, hatten sich Angiospermen (Blütenpflanzen) noch nicht entwickelt. Die Pflanzenvermehrung beruhte immer noch auf Sporen und Zapfen. Dann, während der Kreidezeit, wurden die letzten Sedimente im Binnenmeer abgelagert, das den größten Teil Montanas bedeckte. (Es waren diese Sedimente, die später von den alten präkambrischen Gesteinen der Glacier-Berge überlagert wurden und die Lewis-Überschiebung bildeten.) Während dieser Zeit geschah das evolutionäre Wunder: Blütenpflanzen – Gräser, Weinreben, Sträucher, Laubbäume, Wildblumen – erbten die Erde.

Der Zeitpunkt war wichtig. Als sich das tropische Klima der Erde in dieser Zeit allmählich zu gemäßigten Extremen veränderte, endete die Vorherrschaft der kaltblütigen Dinosaurier und die feuchtigkeitsintensiven Nadelwälder, die die Erde mit grüner Monotonie bedeckt hatten, begannen zu schrumpfen. Angiospermen boten eine Lösung für die ökologische Lücke: Gräser und Kräuter wuchsen dort, wo Bäume nicht mehr konnten. Am wichtigsten ist, dass sich Beziehungen zwischen dieser neuen Pflanzenklasse und den damals relativ wenigen Insektenarten entwickelten.

Insekten begannen, den Pollen blühender Pflanzen zu nutzen; Die Angiospermen wiederum entwickelten leuchtende Blütenblätter und Nektar, die besuchende Insekten für die eigenen Fortpflanzungszwecke der Pflanzen nutzten. Diese Partnerschaft ermöglichte eine schnelle Diversifizierung der Insekten und die Entwicklung neuer, spezialisierter Formen wie Bienen, Motten und Schmetterlinge. Infolgedessen diversifizierten sich auch die räuberischen Formen von Insekten und Spinnentieren rasch.

Die dramatischste Veränderung betraf jedoch warmblütige Vögel und Säugetiere, deren hohe Stoffwechselraten energiereiche Brennstoffe erforderten. Im Gegensatz zu Gymnospermensamen, die keine Schutzhülle enthalten, sind Angiospermensamen von einer Frucht umgeben. Die Entwicklung dieser äußerst nährstoffreichen Samen und die damit einhergehende Explosion an Insektenarten sicherten das Überleben der neu entwickelten Vögel.

Als sich die Vögel in Samenfresser, Insektenfresser und Fleischfresser verwandelten, begannen Säugetiere, damals noch unsichere kleine rattenähnliche Kreaturen, die zwischen den Füßen der Dinosaurier umherhuschten, einen raschen Aufstieg zur Vorherrschaft; Grasland förderte eine Explosion pflanzenfressender und fleischfressender Arten.

Die Evolution der Angiospermen und die dadurch ermöglichte Tierrevolution vollzogen sich mit erstaunlicher Geschwindigkeit. Am bedeutsamsten war, dass es ein entscheidender erster Schritt war, von dem der kometenhafte Aufstieg der Menschheit abhing.

Indischer Pinsel ist in allen Höhenlagen unterhalb der Tundra verbreitet. Es kann weiß, gelb, orange, rosa oder rot sein. Die eigentlichen, unscheinbaren und grünen Blüten sind von farbenprächtigen Hochblättern umgeben. Als Halbparasit bei anderen Pflanzen findet man den Pinsel normalerweise in Verbindung mit anderen Wildblumen; Seine Wurzeln stehlen den benachbarten Pflanzen Nahrung.

Der Gelbe Mauerpfeffer, der in Wäldern und Buschwaldgebieten weit verbreitet ist, ist eine der wenigen Pflanzen im Park mit saftigen Blättern, eine Anpassung, die ihm das Überleben in Situationen wie trockenen, felsigen Felsvorsprüngen erleichtert.

Die Calypso-Orchidee wächst im kühlen, schattigen Wald, wo das Licht schwach ist. Es lebt in Partnerschaft mit bestimmten Pilzen, die rund um die Wurzeln der Orchidee vorkommen und scheinbar dabei helfen, sie zu ernähren.

Seidenlupine, eine Hülsenfrucht, hat an ihren Wurzeln stickstoffbindende Knötchen, die ihr das Wachstum in stickstoffarmen Böden ermöglichen. Es ist in Grasland- und Waldgesellschaften weit verbreitet.

Feuerfolge: Schlüssel zur Kontinuität

Die meisten Brände in Glacier werden durch Blitze verursacht. Es kann sofort zu Streiks kommen; oder Feuer können tagelang im Wald schwelen, bis sie vom Wind in Flammen gesetzt werden. *Bodenbrände* können sich durch das Unterholz des Waldes ausbreiten und geringfügige Schäden verursachen; Oder sie überbrücken das Unterholz und erreichen das Blätterdach und werden so zu sich schnell ausbreitenden *Kronenbränden* . Unter bestimmten Bedingungen können sich unkontrollierbare Infernos entwickeln, die gewaltige Winde und Hitze erzeugen. Diese seltenen Feuerstürme werden *Feuerstürme genannt* .

Jede Art von Waldlebensraum verfügt über *eine Höhepunktvegetation* – Bäume und Sträucher, die sich am besten für den Standort eignen und daher auf unbestimmte Zeit erhalten bleiben, wenn sie nicht gestört werden.

Nach einem Großbrand sind die Lebensraumbedingungen in der Regel so verändert, dass der Standort mehrere *Phasen durchlaufen muss* , bevor die Bedingungen für die Rückkehr der Vegetation auf den Höhepunkt erreicht werden. Eine *Sere* ist eine Reihe von Pflanzengemeinschaften, die geordnet aufeinander folgen, bis wieder Höhepunktbedingungen erreicht sind.

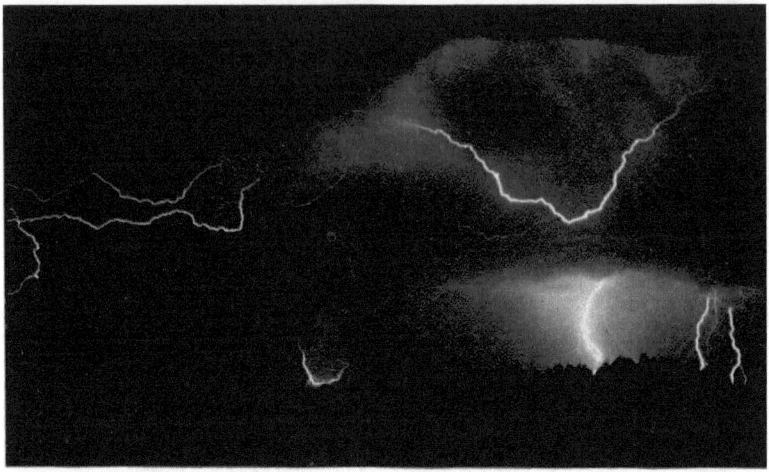

Blitzbrände treten am häufigsten in den heißen, trockenen Wochen des Spätsommers auf.

Wenn der Wald trocken ist, kommt es durch Blitze oft zu schnellen Blitzausbrüchen.

Der Wald kann noch Tage weiter brennen, nachdem der Hauptbrand vorbei ist.

Nach einem Großbrand dringen sonnenliebende Gräser, Sträucher und Wildblumen schnell in den ehemaligen Wald ein. Hirsche und Wapiti profitieren von diesen neuen Nahrungsquellen.

Die Drehkiefer, eine Pionierart, die schnell verbrannte Gebiete in tieferen Lagen erobert, wächst schnell. Diese Bäume sind fünf Jahre alt.

Dies ist ein Wald im Glacier-Nationalpark 80 Jahre nach einem Großbrand.

Plötzliches Hämmern ließ mich zusammenfahren. Über der Dunkelheit des Waldes beugte sich ein Helmspecht aus einem hohen Lärchenhaufen, den er mit seinen speziellen, steifen Schwanzfedern am Stamm festhielt. Dies war das erste Mal, dass ich diesen großen weiß-schwarzen Vogel, den „Waldhahn", sah. Es gab zahlreiche Beweise für seine Arbeit: die tiefen, länglichen Aushöhlungen im Stamm und der Haufen großer Holzspäne an seiner Basis, beides charakteristisch für diese Art. Wieder hämmerte er, und ich konnte sehen, wie die Splitter herunterfielen. Nachdem er ein wenig an den Rändern des Lochs gearbeitet hatte, holte er eine Made heraus und flog davon, während er in der vordringenden Dunkelheit heulte.

In der Nähe eines Baches blieb ich stehen, um mich hinzusetzen, dem Wasser zu lauschen und vielleicht ein kleines Tier zu entdecken. Über die schmale Schlucht ertönte von einem mit jungen Hemlocktannen bewachsenen Hang das Summen einer vielfältigen Drossel. Es folgten mehrere Töne, alle auf einer anderen Tonhöhe, alle langgezogen, eben und klar; Die Qualität war rein, aber liedlos, unzusammenhängend, bedächtig, als würde jemand das Rohrblatt eines fremden Holzblasinstruments testen. Im Herzen dieser Drossel schien es keine Freude zu geben. Das Lied war düster, eindringlich, einsam.

Auf dem Weg vor mir konnte ich einen Vogel erkennen, der schnell hüpfte. Nachdem ich die Stelle passiert hatte, konnte ich ihr Lied hören. Es konnten keine hundert Meter zwischen uns liegen, dennoch schien es aus großer Entfernung zu kommen. Ich habe so lange zugehört, wie es singen wollte. Ich versuchte, es als das zu verstehen, was es war: eine männliche Swainsondrossel, die ihr Revier verkündete. Aber die ätherischen, flötenähnlichen Phrasen schienen ein Abendlied zu sein, das nicht für die Ohren der Menschen, sondern nur für den Wald selbst gemacht war.

Ich beeilte mich weiter, nachdem der Vogel aufgehört hatte. Unter den Bäumen wurde es langsam dunkel, aber ich begann, die Kreaturen unter meinen Füßen wahrzunehmen, die wilden Flitze von Spitzmäusen und Wühlmäusen, mehr eingebildet als gesehen. Als eine Hirschmaus wegsprang, holte ich meine Taschenlampe heraus. Bald erfasste der Strahl einen Waldratten, der auf einem umgestürzten Baumstamm saß. Das Licht störte ihn überhaupt nicht; Als ich näher kam, nahm er seinen buschigen Schwanz mit seinen Vorderpfoten auf. Mit zuckenden Schnurrhaaren wirkte er eher karikiert als echt. Dann sprang er mit anmutigen, bogenförmigen Sprüngen vom Baumstamm ab und verschwand in der Nacht.

Vor einem Stück Himmel, das auf einer Lichtung erschien, konnte ich Fledermäuse erkennen, die wie Schwalben kreisten und in die Tiefe tauchten. Als ich eine schwebende Motte entdeckte, hielt ich den Lichtstrahl auf sie gerichtet, bis sie in einem pelzigen Streifen der Stille verschwand. Es war Zeit, zurückzukehren.

Mittlerweile war es in den Bäumen völlig dunkel geworden, eine mondlose, blinde, fremde Welt , überlassen den marmorschwarzen Augen der kleinen Nachtsäugetiere und der Kreaturen, die sie jagen. Ich dachte an die seltsamen, unsichtbaren Gesellschaften der Flughörnchen, den nächtlichen Gegenstücken der roten Eichhörnchen; der Virginia-Uhu, die denselben Boden inspizieren, den die Habichte tagsüber absuchten. Vielleicht bewegte sich in der Nähe ein Rotfuchs auf Nahrungssuche durch die Dunkelheit oder ein Kojote auf nächtlicher Patrouille.

Der Strahl der Taschenlampe tastete den Weg entlang. Die freiliegenden Wurzeln erhielten eine unnatürliche Schattierung und schienen sich zu verdichten und zu winden, als ich näher kam. Auf beiden Seiten schienen die Baumstämme vor dem schwachen Schein des Lichts zurückzuweichen. Ich fühlte mich in dieser Nacht verloren und dachte an die große Dunkelheit in all den bewaldeten Bergrücken, die von der Wasserscheide nach Westen verliefen. In dieser riesigen Kathedrale aus überfüllten Bäumen und Gipfeln stand die Nacht aufrecht, und die Sterne waren zu einem Kreis über ihnen zusammengeschrumpft, als ob sie vom Boden eines Brunnens aus gesehen würden. Wie eine Maus, zitternd und unbedeutend in dieser Wildnis, eilte ich zurück, um ein Feuer zu finden und meine leeren Sinne mit seiner Hitze, seinem Knistern und seinem Licht zu füllen, während ich den Schrecken der Nacht abwehrte und an die Sonne von morgen dachte.

Buschwald

Die krönende Schönheit von Glacier – die hohen, von Kreisen umschlossenen Wiesen, auf denen der Wind nach Wildblumen und Wasserfällen duftet – gehört zur Zone der Buschwälder.

Am Logan Pass werden Sie in das Hochland eingeführt. Hier beherbergt ein exquisites Hochlandbecken die Hängenden Gärten, ein mit Wildblumen bewachsenes Gefälle, durchzogen von Treppenmooren und windgebeugten subalpinen Tannenreihen. In der Morgensonne, vor dem ersten Motorengeräusch, leuchtet es ungebrochen, tauhell und durchhängend wie ein Spinnennetz, das im Kreis der umliegenden Gipfel befestigt ist.

Dies ist die Region, die dem Wanderer am besten in Erinnerung bleibt. Die hohen Berge tragen diese Zone in der Nähe der Klippen, und die Wanderwege treffen in der Nähe der Pässe darauf oder folgen ihr über lange, ebene Strecken, wie entlang der Gartenmauer. Ich erinnere mich an Preston Park und Fifty Mountain, an die feuerbedeckte Bank von Granite Park und an den ersten Blick auf das Sperry-Chalet, das auf einer Felskuppe oberhalb von Bäumen erbaut wurde. Aber am meisten erinnere ich mich an den schrecklichen Wasserfall, der zum Bowman Creek wird, den fast einen Kilometer langen Abgrund, der die prächtige Hochlandbank namens Hole-in-the-Wall entwässert.

Loch in der Wand

September. Die Jahreszeit ist spät geworden, die Wiesenraute stirbt ab und die Blätter der Walderdbeere verwelken endlich. Überall umgibt die rote Ansteckung des Herbstes das lebenswichtige Grün. Die unteren Täler haben den Pfiff der Erdhörnchen verloren. An diesen späten, milden Tagen sonnen sie sich nicht mehr. Sie waren reif, träge und anfällig für Falken und spürten die Notwendigkeit eines Winterschlafs.

Es ist acht Jahre her, seit ich Hole-in-the-Wall das letzte Mal besucht habe, aber ich behalte seine Ausmaße bei und höre seine Dutzenden Wasserfälle nach Belieben. Sobald Sie dieses Becken gesehen haben, können Sie das Hochland und den Durst nach den Wiesen an der Baumgrenze beurteilen.

In Glacier liegt die Baumgrenze je nach örtlichen Bedingungen zwischen 1.850 und 2.300 Metern. Die Obergrenze des Baumwachstums – selten eine gleichmäßige horizontale Linie – ist im Allgemeinen ein undeutliches Band, das unregelmäßig über die Wand eines Berges verläuft: eine Spannungszone, die Schwankungen in der Wind- und Sonneneinstrahlung, den Neigungsgrad, die Ansammmlung von Schneedecken und das Vorhandensein ausreichender Erde widerspiegelt und Wasser.

Subalpine Tanne, Weißborkenkiefer und Engelmann-Fichte geben ihren Aufstieg nicht so leicht auf; Wenn die Bedingungen schwerwiegend werden, verlangsamt sich ihr Wachstum und ihre Statur verkleinert sich. Durch den Wind verformt und beschnitten, werden ihre Anführer im Winter getötet, wenn sie den Schutz der winterlichen Schneedecke verlassen, Bäume werden zu Sträuchern und müssen sich an den Boden schmiegen. Die Größe täuscht über das Alter in diesen Elfenwäldern oder Krummholz hinweg, wo die Vegetationsperiode schmerzhaft kurz ist und der Fortschritt immer ungewiss ist. Ein verdrehter, knorriger kleiner Strauch, der mehr Baumstümpfe als lebende Zweige hat und ein oder zwei Zapfen trägt, kann ein Jahrhundert älter sein als die Riesen seiner Art im Tal darunter, die den Boden jedes Jahr mit einer üppigen Ernte von Zapfen überschütten.

Diesmal komme ich von Goathaunt aus, komme an den Lakes Janet und Francis vorbei, erreiche den Brown Pass von Osten und lagere im spektakulären Garten zwischen Brown und Boulder Pass.

Wiesen und Steinschläge durchbrechen den Wald, während der Weg durch das Tal an Höhe und Distanz gewinnt. Die Fichten und Tannen werden am Talschluss schnell dünner, der Weg steigt den grasbewachsenen Hang hinauf zum niedrigen, breiten Brown Pass. Unterhalb des Passes befindet sich der Thunderbird Pond, der das Schmelzwasser von einem Gletscher hoch oben auf einem Felsvorsprung des Thunderbird Mountain aufnimmt und von einem niedrigen Weidendschungel begrenzt wird. Im Wasser steht ein Elchbulle, dessen schweres, voll ausgebildetes Geweih bereit für das bevorstehende Geschäft der Saison ist.

Ich hatte gehofft, auf dem Pass wieder Cassin-Finken und Audubon-Grasmücken zu sehen; aber der Tannenhain ist ruhig. Als ich mich hinsetze, um mich auszuruhen und zuzuhören, nehme ich eine seltsame Stille wahr. Keine Vögel singen oder huschen zwischen den Bäumen umher, keine Alarmglocken schwirren zwischen aufmerksamen Erdhörnchen hin und her. Es gibt keinen Wind – eine seltsame Bedingung für die Kontinentale Wasserscheide. Dieser Ort scheint den Atem anzuhalten. Hoch oben breitet ein Schleier aus Cirruswolken lange Speere über den Himmel aus.

Wenn ich den Pass verlasse, entlang der Kuppel des Mt. Chapman, erlebe ich erneut die alte Aufregung dieses Hochlandes. Plötzlich öffnet sich die Schlucht des Bowman Valley und gibt den Blick auf die gewundene blaue Schlange des Bowman Lake weit unten im engen, von Klippen umschlossenen Tal frei. Hier sind wieder die nördlichen Titanen – Numa , Peabody, Boulder, Thunderbird und Rainbow; und Carter mit seinem hohen Gletscher, der der Sonne blaue Eiszähne entblößt.

Es ist nicht der Aufstieg, der Ihr Herz höher schlagen lässt; Der Weg ist plötzlich schmal und trotzt den Klippen, durchschnitten vom stürzenden

Wasser der Schneebänke weit oben. Das sind herrliche Gipfel, die in einem Land aus muskulöser, brutaler Erde ihresgleichen suchen. Sogar die Luft scheint den Duft der Gletscherarbeit zu tragen.

Endlich der Blick auf Hole-in-the-Wall, einen Treppenkessel, der zwischen den gigantischen, ausgebreiteten Rippen des Mt. Custer ausgegraben wurde . Die Hänge des Bärengrases sind jetzt voller Samen und dürr, die weiße Fülle ist verschwunden. Westliche Küchenschellen haben ihre magische Verwandlung vollzogen; Sie sind in dieser Jahreszeit als „Old-Männer-Bart" bekannt und wedeln mit ihren Büscheln ergrauter Samenkopfseide im Wind. Rote und gelbe Affenblumen blühen noch immer und drängen sich entlang der vielen Bachläufe, und wasserliebende Seggen und Moose umgeben die Wasserbecken auf den breiten hufeisenförmigen Ebenen.

Auf dem letzten Felsvorsprung führt ein Stichweg hinunter zum Campingplatz. Durch einen Spalt in seiner Lippe strömt das angesammelte Wasser des Beckens in die Tiefe. Aus dem Tal unten scheint der Wasserfall aus einem Loch in der Kopfwand zu entspringen, was diesem Becken seinen Namen gibt. Runter, runter, runter rauscht das Wasser dort, wo einst ein mächtiger Gletscher seine Zähne knirschte.

Ich gehe bis später mit dem Aufbau des Lagers; Inzwischen stechen die scharfen Schatten des Boulder Peak in den Talwald und beginnen den Aufwärtsangriff von Thunderbird.

An den Kopfwänden des Beckens sind die Schneebänke des letzten Winters nach wie vor gewaltig. Schneehöhlen senden Schmelzwasserströme aus. Gletscherlilien und Flecken frühlingshafter Schönheit säumen ihre Ränder. In den Taschen blühen Küchenschellen. Hier blühen zwischen den Astern des Augusts auch die ersten Frühlingsblumen, die mit dem Schrumpfen der Schneebänke in die Höhe schießen und diese Flecken schneefreien Bodens zu einem Flickenteppich aus Mai und Juli, August und Juni machen. Die Sträucher, die das tosende Wasser säumen, sind Weiden, deren Knospen an diesem zehnten Tag im September immer noch geschwollen sind. Die kommenden Tage werden eine scharfe Überraschung bringen.

Der Winter wird das Schmelzen dieses Schnees bald stoppen. Könnte es sein, dass ich das erste Jahr einer wiedererwachenden Eiszeit erlebe? Wenn ja, würden die Schneefelder jedes Jahr dicker und breiter werden und die Schelfe wieder zu einer Eismasse verbinden, Lilien und Weiden begraben, die Sommerhitze konnte sie nicht retten, bis das Eis schließlich zu rutschen begann und den Boden abstreifte und noch einmal am lebenden Stein zupfen.

Dann wären diese Zwergtannen , die sich gefährlich an den Klippen festklammern und sich hinter den Rücken von Felsbrocken verstecken, in größerer Gefahr als durch ihre jüngsten Widersacher. Von Eis umhüllt, würden sie den scharfen Wind nicht mehr spüren. Ihre Skelette würden in das darunter liegende Tal regnen und einen weiteren langen Rückzug in den Wald ankündigen . Aber sie haben schon vorher auf das Gebirgseis gewartet und würden ihre Samen wieder in dieses Tal schicken, wie auch immer sie gehängt würden, wie sie es immer getan haben.

Der Abend bringt zwei schlanke Maultierhirsche zum Vorschein. Während sie grasen, stellen sie ihre großen Ohren auf und sortieren die kleineren Geräusche aus dem unaufhörlichen Rauschen des Wassers. Beide heben ihre Köpfe und richten ihre Ohren, die Statue geradeaus, auf den Lauf eines Stachelschweins. Ein Geräusch zwischen den Felsen erregt einen Blick zurück und die Aufmerksamkeit dieser Ohren. Ich hätte gerne die Sensibilität einer solch feinen Ausrüstung, um zu hören, was Hirsche schon immer gehört haben.

Als ich mich mit dem Lagern befasse, wundere ich mich über die Tiere, die mich eine Weile beobachteten und dann wegzogen, nachdem sie zuvor gesehen hatten, wie ein Zelt aufgebaut wurde. Mit dem Erscheinen des Mondes nimmt der Wind zu und sie prüfen jetzt häufiger die Luft. Haben sie bei jedem Schnappschuss, den der Wind bringt, Visionen von Pumas oder Grizzlys?

Im Sommer bieten diese Hochwiesen eine überraschend vielfältige Tierwelt. Murmeltiere und die hübschen Goldmantel-Ziesel haben ihren Winterschlaf kurzzeitig hinter sich. Mäuse, Wühlmäuse, Spitzmäuse und Waldbewohner rennen durch die Schatten und ernähren sich von den Samen und Insekten, die die Jahreszeit zu bieten hat. Ein Albtraum für sie sind die wilden kleinen Wiesel, die die Felsen heimsuchen.

Manchmal sind Spuren von Pumas und Vielfraßen zu sehen, oft verführerisch frisch; Einen Blick auf eines dieser schwer fassbaren Raubtiere zu erhaschen, bedeutet, den besten Wein der Wildnis zu probieren.

Vor der Beerensaison durchsuchen Grizzlybären die Wiesen nach den leckeren Zwiebeln der Gletscherlilien und den Knollen der Frühlingsschönheit; Oft werden sie vom Geruch eines Erdhörnchens in seinem Bau abgelenkt und machen manchmal für eine kleine Belohnung eine große Ausgrabung.

Weißkronensperlinge singen im Juli von den niedrigen Wipfeln der ramponierten Bäume, obwohl ihre Nester unten auf dem Boden liegen. Graukronen-Rosenfinken patrouillieren auf trockeneren Böden auf der Suche nach Samen, während Wasserpieper in den feuchten Gebieten Insekten jagen. Hoch oben scannt ein Steinadler erneut das Becken und kreist langsam, bevor er einem Bergrücken nach Süden folgt, um einen weiteren wahrscheinlichen Hang in seinem 10.000 Hektar großen Gebiet zu entdecken.

Der Mond scheint durch die Zeltdecke. Der Wind, der jetzt heftiger weht, lässt das Nylon erzittern und unterbricht das Rauschen des Wasserfalls. Ich habe den Lauf der Küchenschelle von den Aprilprärien hier bis zu ihrer höchsten Blüte nahe der Baumgrenze verfolgt . Ich denke an die dreieckigen Samenkapseln der Gletscherlilien, Kolonien von Steilkehl-Enzianen und die letzte Pracht der Goldrute der Saison. Indischer Pinsel, von Weiß bis Feuerrot, beleuchtet die Hänge, die die Ränder des Schlafes erhellen.

Als ich erwache, regnet es heftig, der Mond ist verschwunden und das Zelt bebt vor Windstoß. Ich versuche, nicht an die stahlkalte Luft zu denken und versinke in einen unruhigen Schlaf, der mir wie ein endloses Tretmühlenwerk aus steinigen Pfaden vorkommt.

Steif und unausgeruht blicke ich hinaus in den dämmerlosen Morgen. Die Spitze des Donnervogels wird durch graue Wolken, die an seinem Hals herumwirbeln, von seiner Basis gelöst. Eine Welle aus Schneeregen fällt schräg herab, tanzt auf den Felsen und singt Triumph über die vergrabenen, verbogenen und zerbrochenen Blumen von gestern.

Also muss ich fliehen, kurz vor Boulder Pass. Jetzt unerreichbar, unsichtbar über dem Kar, wächst dieser hohe Pass in meiner Erinnerung. Dieses Zeugnis dessen, was ein Gletscher leisten kann, des Kampfes der Bäume und der Lebenspioniere, die in so raue Orte eindringen, liegt zu meinen Füßen, ist aber von Schnee umhüllt. Meine Hände werden durch die stumpfe Arbeit des Packens steif und taub.

den Kinnerly Peak noch einmal zu sehen , der sich aus dem westlichen Kintla-Tal erhebt, und über die schwarzen Lavavorsprünge zu wandern, die den Pass bedecken. Dahinter wächst ein Hain aus subalpiner Lärche, einer stattlichen, selten anzutreffenden Baumart, der am wenigsten verbreiteten Baumart in Glacier. Eingeschränkt in dieser schmalen Zone zwischen Wald und Alpen ragt er hoch und stolz in die Höhe, unempfindlich gegenüber dem zermürbenden Klima, das andere Bäume zu kauernden Sträuchern macht.

Aber alle müssen noch ein Jahr warten, denn diese Saison wird hart. Und der Wille des Winters besteht darin, alles auszulöschen, was der Sommer sich ausgedacht hat.

Tundra

Porzellankalt geht die Novembersonne am Südosthimmel auf. Die eisverkrusteten Felsvorsprünge, überzogen mit Schneeregen einer kürzlichen Bö, pfeifen den kalten Morgenwind beiseite. Ein Felsbrocken stürzt rasselnd vom letzten Felsvorsprung ab, Sekunden vergehen, bevor die hohlen Geräusche des Aufpralls wieder ertönen. Wie eine Erscheinung des Winters selbst tritt eine Bergziege mit weißem, vom Wind seitwärts gebogenem Bart an den Abgrund. Dieses seltsame Tier, das Produkt eines unvorstellbaren Einfallsreichtums, blickt über die weite weiße Leere hinaus und zögert nur einen Moment; seine langen Bauchhaare und Hosen wehen im unaufhörlichen Wind. Es fällt von Stufe zu unsichtbarer Stufe entlang der steilen Felswand, bricht dabei die Eisglasur auf, verwandelt sich in eine Wand und verschwindet. Ein flinkes, acht Monate altes Kind folgt.

Der Schauer aus zersplittertem Eis blinkt und dreht sich im trüben Licht und klirrt sanft gegen den Fels und verblasst wie die kurzen Sommer dieses Ortes.

Aber während der Wind den Winter singt, hat das Leben hier seinen Weg gefunden und wartet auch, versteckt in Samen, Wurzeln und Höhlen.

■

Das Kindermädchen und ihr Kind haben sich jetzt zu Bett gelegt und blicken auf das tiefe, schneebedeckte Becken darunter. Ihr Felsvorsprung erstrahlt im ersten Sonnenstrahl.

Weit unterhalb des Passes, der den Berg Siyeh mit den Schneeriesen Matahpi und Going-to-the-sun verbindet, tauchen drei männliche Weißwedelschneehuhn aus ihrem nächtlichen Gedränge in einer Schneebank auf und machen sich auf den Weg, um auf einer freigelegten Weidenmatte zu picken. Schneehühner, die einzigen Vögel in der Wintertundra, tragen in dieser Jahreszeit ein weißes Gefieder, das ihnen hilft, sich im Schnee zu tarnen, ebenso wie ihr fleckiges braunes Sommergefieder es schwierig macht, sie zwischen kahlen Felsen zu erkennen. Es gibt hier nur noch wenige Raubtiere, die sie jagen könnten, aber sie bewegen sich gewohnt langsam; Schnelle Bewegungen können tödlich sein, wenn im Sommer zahlreiche Blicke auf die Pisten schweifen. Mit stark befiederten Beinen und Füßen und scharfen Krallen, mit denen sie unter dem Schnee nach Nahrung suchen, lebt das Schneehuhn im Frieden mit dem Winter. Wenn Schneestürme zwischen den Gipfeln toben, kuscheln sie sich in Schneehöhlen zusammen, außerhalb der Reichweite des Windes. Schneehühner überwintern tiefer in höheren Weidendickichten, die Männchen ziehen es jedoch vor, den Winter so hoch wie möglich zu verbringen.

Jetzt kauern sie hinter den windabweisenden Felsen und dösen in der spärlichen Wärme der Morgensonne.

In der Nähe der schneefreien Gipfelspitzen blitzt ein brauner Pelz im Zickzack zwischen den Felsen auf. Das wäre ein Pika. Nur für einen Moment zeigt es sich, so schnell bewegt es sich.

Der kleine Pika, auch Felsenkaninchen genannt, gehört zur Ordnung der Hasen und Kaninchen. Dieses robuste Geschöpf ähnelt einem kleinen Meerschweinchen und verschmäht den Winterschlaf, um den Herausforderungen des Winters zu trotzen. Stattdessen verbringt es den

Sommer damit, einen Heuvorrat für die magere Jahreszeit anzulegen, gemähtes Gras zur Heilung auf den Felsen auszubreiten und seine „Heuhaufen" zu pflegen, von denen sein Überleben abhängt.

Der Winter ist eine große Gefahr für kleine Säugetiere. Ihre kleinen Körper halten aufgrund ihrer großen Oberfläche im Verhältnis zum Volumen die Wärme nur schlecht und ihr hohes Stoffwechselfeuer verbraucht schnell Kalorien. Um ein aktives Tier in unwegsamem Gelände zu halten, sind große Energiemengen erforderlich, was zusätzliche Anforderungen an die Fähigkeit des Tieres stellt, die Kälte zu überleben. Der Pika muss möglicherweise bis zu 25 Kilo Heu stapeln; Um seinen Ofen im Winter am Brennen zu halten, muss es seinen Magen fast stündlich mit Energie versorgen.

Kleine Tiere in kalten Klimazonen weisen häufig ausgeprägte Körperanpassungen auf. Beim Pika liegen die kleinen runden Ohren flach am Kopf an, der Schwanz ist unauffällig, die Beine sind kurz; Der Wärmeverlust an exponierten Oberflächen wird dadurch reduziert. Fell isoliert die Fußsohlen des Pika und sorgt gleichzeitig für guten Halt an steilen Felswänden.

Unter diesen Felsen verbergen sich die überwinternden Murmeltiere und die schlafenden Erdhörnchen. Unter dem Schnee kämpfen die Mäuse, Spitzmäuse und Taschenratten weiter mit ihrem Leben. Aber über der Erde, direkt mit diesem arktischen Klima konfrontiert, leben der Pika, das Schneehuhn und die Bergziege.

Als Triumph der Anpassung stellt sich die Bergziege dem Wintertag, ohne von der Höhle des Pikas oder dem Schneequartier des Schneehuhns zu profitieren.

Das Kindermädchen und das Kind steigen von ihrem Felsvorsprung herab , um mit anderen Mitgliedern einer losen Gruppe – Jährlingen, jungen Männern und anderen Kindermädchen mit Kindern – an der Baumgrenze zu grasen . Am Rande der Band verkehrt ein einsamer erwachsener Billy nur widerwillig mit anderen Mitgliedern seiner Art; denn dies ist die Zeit der Brunft.

Diese Verwandten der europäischen Bergsteiger-Gämsen sind keine echten Ziegen, sondern sind durch Mäntel aus langem, hohlhaarigem Fell, das über wolligem Unterfell liegt, vor dem Wind geschützt. Sie sind stämmig, steifbeinig und geschickt und können mit ihren hervorragend angepassten Hufen die Wände und Zinnen überwinden. Das einzigartige Design dieser Hufe verleiht dem Tier große Traktion und Stabilität auf schwierigen Felswänden. Der Spalt zwischen den beiden Hufen öffnet sich nach vorne und weitet sich jeweils nach außen aus, wenn das Tier einen Hang hinabsteigt, und erleichtert so den Halt auf der felsigen Oberfläche. Darüber hinaus passt sich die große, raue und biegsame Sohle jedes Fußes dem nackten Fels an und erhöht so die Traktion.

Es besteht für die Ziege kaum ein Grund, ihre steilen Zufluchtsorte zu verlassen; Es kann sich von Flechten und Moosen ernähren, wenn keine Weide verfügbar ist. Seine Sicherheit hängt von der Unzugänglichkeit der Klippen ab. Unfälle, Lawinen und Steinschlag sind größere Feinde als Raubtiere. Steinadler versuchen manchmal, neugeborene Junge von Felsvorsprüngen zu stoßen, und eine junge Ziege zieht sich schnell unter ihrem Kindermädchen zurück, wenn ein Adler vorbeifliegt. Durch den Schutz scharfer Stachelhörner und ein furchterregendes Gelände werden erwachsene Ziegen selten Opfer von Pumas oder Grizzlys.

Es wird lange dauern, bis der Schnee dieses Land freigibt und Wapiti, Dickhorn, Grizzly und Puma in diese hohen Becken zurückkehren. In diesem winterlichen Minimum an Leben scheinen die Frühlingslieder von Rosenfinken, Wasserpiepern und Weißkronensperlingen eine unmögliche Extravaganz zu sein.

■

Ich fühle mich von der Frühlingstundra angezogen – von der Kraft und Beharrlichkeit ihres spärlichen Lebens –, wo das Überleben selbst eine Zeremonie genug zu sein scheint. Aber es ist eine seltsame Welt, in der ein Mann keine Perspektive hat. Hier ist die Pflanzendecke teppichhoch und die Entfernung täuscht das Auge, da es keine Bäume gibt. Hier verbrennen Wind, Schnee und Sonne schnell die Haut und das intensive Licht, das von Schneebänken reflektiert wird, sticht in die Augen. Fast augenblicklich wird einem Sandwich die Feuchtigkeit entzogen. Der austrocknende Wind tastet die Ohren ab, bis er endlich Ihr Gehirn zu durchdringen scheint. Abgesehen von den furchteinflößenden Bergwänden ist der einzige Schatten dein eigener. Tiere wirken irgendwie fern und unerkennbar, als würden sie durch Glas gesehen. Ein Tag in der Tundra und Sie verspüren das Verlangen nach einer Gesellschaft von Bäumen.

Doch sobald man sie freigelegt hat, verspürt man ein Verlangen nach dem Anblick der Tundra. Nirgendwo sonst herrscht eine solche Ungeduld auf den Frühling – die Blumen blühen in vollem Gange; Der männliche Wasserpieper erhebt sich, sein kristallklarer Lerchengesang hallt in der dünnen Luft wider. Die Brutvögel sind unruhig, denn Sonnentage und warme Tage sind selten, kostbar und schnell erschöpft. Insekten und Spinnen gibt es in Hülle und Fülle – sie fliegen über die Gipfel oder kriechen zwischen den Felsen.

Im Sommer kommen Gruppen von Dickhornböcken aus dem Tal, um die höchsten Wiesen zu erkunden. Obwohl sie nicht so trittsicher sind wie die Ziegen, haben auch sie Hufe, die für das Erklimmen steiler Wände geeignet sind, und sie laufen die Hänge nicht weit unterhalb der Ziegen entlang.

Murmeltiere, die bei Gefahr laut pfeifen, verbringen ihre Tage mit Sonnenbaden und Grasen. Sie müssen ihre jetzt lose hängenden Pelzmäntel mit lebenserhaltendem Fett für den kommenden Winter auffüllen.

Alpentiere sind mit Mobilität gesegnet und können ihr Wetter wählen und sich in Höhlen, Höhlen oder Felsenhäfen zurückziehen, um den schlimmsten Stürmen zu entgehen. Aber was ist mit den Pflanzen, die für immer an einem Ort verwurzelt sind, von einer ungebremsten Sonne und einem trocknenden Wind angegriffen werden und fast täglich der Gefahr von Frost und Sturm ausgesetzt sind?

Alpenpflanzen haben sich durch ihre Gestaltung und Wuchsgewohnheiten in vielerlei Hinsicht an die hohen Anforderungen dieses Klimas angepasst. Die meisten Pflanzen sind mehrjährig: Es stehen einfach nicht genügend Tage oder Nährstoffe zur Verfügung, um jedes Jahr ganze Pflanzen aus Samen wachsen zu lassen. Und sie haben die Fähigkeit, bei Temperaturen knapp über dem Gefrierpunkt zu wachsen und Photosynthese zu betreiben und so ihre Saison zu verlängern. In dieser Zone liegen die Temperaturen selten über 15° C; Die durchschnittliche Sommertemperatur beträgt etwa 10 °C. Eine Blume wie der Alpen-Hahnenfuß, der an der Baumgrenze oder darüber wächst, kann jedoch auch durch mehrere Zentimeter Schnee wachsen; Durch die bei der Atmung der Pflanze abgegebene Wärme entsteht eine Öffnung, durch die die Pflanze schlüpfen kann.

Pflanzen haben verschiedene Anpassungen, um den Anforderungen der alpinen Umwelt gerecht zu werden. Gelbe Mauerpfeffer, die nicht auf diese Zone beschränkt sind, können hier aufgrund ihrer fleischigen Saftigkeit und einer wachsartigen Hülle, die den Wasserverlust verhindert, dennoch überleben. Bei einigen Pflanzen tragen schützende Haare, die Blätter und Stängel bedecken, dazu bei, die brennende Wirkung von Wind und Sonne zu verzögern. Oft sieht dieses behaarte Laub eher grau als grün aus, da die weichen Haare die Farbe dämpfen.

Das Kissenwachstum ist eine weitere alpine Anpassung. Das mit zartrosa Blüten bedeckte Moos-Lichtnelkenkissen wird etwa einen Drittel Meter breit und nur 3 bis 5 Zentimeter hoch. Die Pflanze breitet sich dicht über dem Boden aus, entgeht den starken Winden und speichert Feuchtigkeit wie ein Schwamm.

Die Dryade, die in der windigen Gegend des Siyeh- Passes reichlich wächst, zeigt auf verschiedene Weise alpine Anpassungen. Die Energie der reifen Pflanze wird hauptsächlich in die Fortpflanzung gelenkt: Ihre große Blüte, die von einem kurzen Stiel getragen wird, reift schnell; und es produziert viele Samen, so dass nur wenige keimen können. Als immergrüner Baum beginnt er, Wasser und Kohlendioxid in Nahrung umzuwandeln, sobald der Schnee verschwunden ist. und seine gerollten Blätter verhindern eine schnelle

Verdunstung. Es wächst als niedrige, holzige Matte, die sich Jahr für Jahr durch die Produktion neuer Triebe ausdehnt, die den Fels bedecken. Das Mattenwachstum hat den Vorteil, dass abgestorbenes Pflanzenmaterial zurückgehalten und vom Wind verwehte Erdkörner eingefangen wird, sodass die Pflanze ihre Bodenbasis langsam vergrößern kann.

Im Vergleich zum Wald ist der Herzschlag der Tundra quälend langsam. Hier kann eine Pflanze ein Vierteljahrhundert lang wachsen, bevor sie die für die Blüte notwendigen Reserven erreicht hat. Im Gegensatz zum Fortschritt in der Tundra rasen die Waldfolgen mit schwindelerregender Geschwindigkeit vorbei. So unmerklich die Veränderung auch sein mag, auch die alpine Pflanzengemeinschaft gelangt vom Pionier zum Höhepunkt.

Über die Grenzen anderer Pflanzen hinaus gedeihen Flechten, die Felsen mit ihren Regenbogenfarben überziehen. Eine Flechte ist eigentlich eine primitive und äußerst erfolgreiche Verbindung zwischen einem Pilz und einer Alge, die zum gegenseitigen Nutzen zusammenarbeitet. Der Pilz schützt die empfindliche Alge, indem er Feuchtigkeit einfängt und speichert; Die Grünalge wiederum produziert genügend Nahrung, um den Bedarf des Pilzes zu decken.

Flechten erzeugen gesteinszersetzende Säuren, die dazu beitragen, diese Partnerschaft mit dem Gestein zu sichern. Zusammen mit der physikalischen Verwitterung tragen Flechten dazu bei, das Gestein in Bodenpartikel zu zerlegen. Durch Abfluss oder Wind in Taschen gesammelt, wird der rudimentäre Boden langsam von Kissenpflanzen befallen. Nach jahrhundertelanger Besiedlung durch diese, während der karge Boden vertieft und angereichert wird und die Feuchtigkeitsspeicherung erhöht wird, ziehen andere Pflanzen ein und erreichen schließlich ihren Höhepunkt in winterharten Gräsern und Seggen. Wie im Wald verändern Pionierarten die Umwelt zu ihrem Nachteil und schaffen einen Lebensraum, der für andere Arten besser geeignet ist.

Auch wenn es geologisch langsam voranschreiten wird, wird der felsige Boden des Siyeh- Passes – dessen Pflanzenbedeckung derzeit spärlich ist und von Frost und unerbittlichem Wind zerfurcht wird – mit der Zeit Gräser und Seggen entwickeln, die Höhepunktvegetation der Alpenwiesen.

■

Einfachheit regiert die alpine Zone. Hier ist das Leben auf das Wesentliche reduziert. Die wichtigste Kontrollkraft ist das Klima; aber die Pflanzen und Tiere, die hier leben, sind gut angepasst. Im Vergleich zu den unteren Reichen, wo sowohl Konkurrenz als auch Raubüberfälle heftig sind, scheint das Leben hier sicher zu sein.

Einfachheit hat einen Nachteil. Im Tiefland verleihen die langen Nahrungsketten und die Artenvielfalt, die lange Vegetationsperiode und das reichhaltige Nahrungsangebot dem Wald einen Anpassungsmechanismus und eine Heilkraft, die in der kritisch ausgeglichenen Tundra nicht zu finden sind. Je vielfältiger eine Pflanzen- und Tiergemeinschaft ist, desto größer ist die Stabilität. In der alpinen Welt besteht also ein Paradoxon: Die langlebigsten Lebensformen bilden die fragilste Gemeinschaft.

Die Wassergemeinschaften

Die Schneefelder beginnen erneut, den ganzen Sommer über zu schmelzen. Der Alpenbach, wieder lautstark, sammelt sein Wasser an tausend Stellen. Miniaturschluchten entwässern die Wiese und gurgeln an den länger werdenden Frühlingstagen mit dem Glitzern und Rauschen des Schmelzwassers.

Der Strom nimmt immer mehr zu und scheint immer schneller zu strömen. An der ersten Felstreppe beginnt es zu singen. Ich folge der Schlucht nach unten, angezogen wie das Wasser. Es liegt Aufregung im immer stärker werdenden Rauschen und Brüllen, einem Windstoß, der Gischt in die Luft treibt. Ein Regenbogen erscheint, hält sich an der wirbelnden Gischtwolke fest, verdoppelt sich dann und verschwindet abrupt.

Beim ersten großen Sturz stürzt das Wasser über die Lippe nach außen. Wie zersplittertes Glas schießen lange Scherben hervor. Aber der Wind lässt die scharfen Kanten beim Fallen federn.

Das donnernde Donnern eines Wasserfalls dröhnt an Ihrem Kopf und Ihr Geist muss schreien, um nachzudenken. Hier ist Wasser, eine höchst erstaunliche und wichtigste Substanz. Vielleicht war ein Teil dieses Wassers einst Teil des alten Meeres, in dem der Schlammstein dieses Felsvorsprungs lag; wurde einst von Dinosauriern betrunken; ist unzählige Male um die Welt gereist; und ist schon einmal in diesem Strom geflossen. In fester, flüssiger oder gasförmiger Form durchläuft es seinen eigenen Kreislauf. Zusammen mit dem Sonnenlicht ermöglicht und erhält Wasser alles Leben auf der Erde.

Ouzel-Musik

Ein Gletscher könnte sich hundert Jahre lang an einem Winterschnee festklammern und ihn in Eis verwandeln, ein blaues Werkzeug, mit dem man Steine zerkratzt und zerreißt, bevor er ihn wieder loslässt. Anhaltende Sommerschneefelder könnten die Durchfahrt für einige Zeit verzögern. Aber am Ende siegt immer das Wasser, wird in einem entscheidenden Moment wieder flüssig und beginnt seine lange Reise ins Meer. Pflanzen und trockene Luft werden einige seiner Moleküle abfangen und sie zurück in die

Atmosphäre schicken, wo sie als Nebel und Wolken blühen; aber als Regen, Schnee oder Tau werden diese bald wieder dem Land übertragen.

Wasser ist uns so vertraut, dass wir selten darüber nachdenken. Wir wissen, dass in den unteren Seen Fische schwimmen, und wir sind uns der verwirrenden Vielfalt an Lebensformen, die in einem Teich wimmeln, vage bewusst. Aber das Leben beginnt in den Bächen.

Sogar Tassen mit kaltem Schmelzwasser, das nur wenige Meter von der Schneequelle entfernt aus einem Bach geschöpft wird, enthalten etwas Leben. Schneealgen, die auf der Schneebankoberfläche wachsen und oft so dicht sind, dass sie dem Schnee eine markante rote Farbe verleihen, werden in das Schmelzwasser abgegeben. Im Sommer kann man in den stehenden Teichen selbst der höchsten Kare kleine wirbellose Tiere entdecken.

Allerdings sind die Bedingungen für die Entwicklung vollständiger aquatischer Nahrungsketten in den Bächen und Seen höher gelegener Gebiete nicht gut. Alpenseen oder Bergseen beherbergen kaum sichtbares Leben. Viele Bergseen sind oft von hohen Bergrücken und Gipfeln flankiert und erhalten tagsüber kaum direktes Sonnenlicht. Da sich diese Seen in Becken befinden, in denen enorme Mengen an Schnee fallen, verbleiben die Schneebänke im Schatten der Berge und der Sommer macht kaum Fortschritte bei der Erwärmung des Wassers. Der Iceberg Lake zum Beispiel ist selten frei von schwimmendem Eis und seine Temperatur steigt im Sommer nie über 4° C, selbst an der Oberfläche.

Beim Austritt aus den Karseen wirbelt das Wasser bald wieder auf und stürzt in Stromschnellen, Kaskaden und atemlosen Wasserfällen viele hundert Meter in die darunter liegenden Täler. Es überrascht nicht, dass nur wenige Pflanzen und Tiere an das Leben in schnell fließenden Gewässern angepasst sind.

Algen bedecken Bachbettfelsen und gestrandete, wasserpolierte Baumstämme. Diese kleinen Pflanzenformen sind durch Halteklammern sicher befestigt und überleben die starke Strömung, die die größeren Gefäßpflanzen zerstören würde. Es gibt mehrere Arten, von mikroskopisch kleinen Formen bis hin zu verzweigten Fadenalgen, deren lange, haarartige Stränge in der Strömung wehen.

Auf dem Grund des Baches leben überraschend viele Insekten, die im Gesteinsgewirr einen gewissen Schutz vor der Strömung finden. Unterwasserkäfer leben unter dem Kies oder im Geröll am Bachufer oder klammern sich an Steine und Stöcke. Zwischen den Felsspalten huschen und kriechen die Larven von Steinfliegen, Eintagsfliegen und Köcherfliegen. Diese und die kleinen Fische, die aus tiefer gelegenen Seen auftauchen, sind die Nahrung der Wasseramseln, einer Kreatur, die die Orte liebt, an denen das Wasser donnert.

■

Der Lärm des Wassers ist überwältigend. Ein Abgleiten in diese kochende Wut würde einen schnellen Tod bedeuten. Wenn ich 10 Meter weit über die düstere, rutschige, vom Wasser durchspülte Schlucht schaue, sehe ich eine junge Wasseramsel, die aus ihrem einzigartigen Nest herauslugt, auf der Suche nach ihren Eltern. Gischtwolken halten das Nest aus lebendem Moos ständig feucht; aber dieser Vogel ist mit einem öligen Gefieder wasserdicht und hält an der Nestöffnung Wache. Es blickt in den Bach unten, dann flussaufwärts und flussabwärts und wartet geduldig auf die Lieferung der nächsten Mahlzeit.

Als sich einer der Erwachsenen nähert, drängen sich drei weitere Köpfe durch die Öffnung und betteln mit offenen gelben Mündern. Im Tiefflug fliegt das Muttertier durch die starke Gischt und landet auf einem rutschigen Felsbrocken unterhalb des Nestvorsprungs. Die Ouzel bereitet sich darauf vor, mit ihrer Ladung Insektenlarven zum Nest zu fliegen, und entdeckt mich auf der anderen Seite des Wassers. Bei seinem scharfen *Jigic-* , *Jigic-* Alarm schnappen die Schnäbel der Jungen augenblicklich zu. Nervös betrachtet der Vogel meine unmittelbare Nähe und bewegt seinen ganzen Körper schnell auf und ab, als würde er mit dem anschwellenden Strom im Takt bleiben.

Da er keine Gefahr erkennt, bewegt sich der dunkelblaugraue Vogel langsamer. Der andere Erwachsene, der von einer flussaufwärts gelegenen Futtersuche zurückkehrt, landet auf demselben Felsen, was einen neuen Aufschrei der Jungvögel auslöst. Nacheinander fliegen die Eltern herauf, um ihre Jungen zu füttern, und schlagen dabei mit den Flügeln, um ihre Position am sitzlosen Nest aufrechtzuerhalten. Sie hielten nicht inne, um mich weiter zu betrachten, sondern teilten den Strom erneut auf, einer flog flussaufwärts und einer flussabwärts, um die Jagd fortzusetzen. Blinzelnd und den gesammelten Nebel von seinem Schnabel schüttelnd, erneuert der einzelne junge Posten seine Wache.

In seichten Gewässern

In den flachen Seen und Teichen gibt es viel Leben. Der ruhige, geschützte John's Lake ist ein schönes Beispiel dafür, wie eine komplexe Wasserpflanzen- und Tiergemeinschaft auf engstem Raum im Gleichgewicht existieren kann. Im Wasser wimmelt es von mikroskopisch kleinen Algen, Protozoen und Rädertierchen, die das kaum sichtbare Zooplankton ernähren. Tanzend, flitzend, hüpfend und schaukelnd durch das Wasser unterstützt dieses Zooplankton seinerseits die größeren Plankton fressenden Tiere.

Libellen und Libellen schießen mit knisternden Flügeln vorbei und lassen sich im Moorgras nieder. Wenn Sie ins seichte Wasser blicken, werden Sie eine Fülle an Kleintieren entdecken . Ein gefleckter Frosch schwimmt ins Blickfeld und treibt neben einem Seerosenblatt an die Oberfläche, sodass seine Augen aus dem Wasser ragen.

Die bandartige Form eines Blutegels schwimmt über den Grund in Richtung tieferes Wasser. Bei genauerem Hinsehen erkennt man, dass es im Wasser von bizarren Formen wimmelt – Wasserschiffer, die sich mit ruderähnlichen Fortsätzen fortbewegen, eine gleitende Eintagsfliegennymphe, dann ein räuberischer Tauchkäfer, der auftaucht, eine Luftblase unter seinen glänzenden braunen Flügelplatten ergreift und wieder nach unten verschwindet – der Der Rand der Blase glänzte silbern – in den braunen Bodenschutt. Plötzlich versetzt ein wirbelnder Käfer die Oberfläche in Rotation und verzerrt die Sicht nach unten.

Überall im Wasser gibt es Tierleben, Formen, die frei schwimmen, auf dem Boden kriechen und sich an der Oberflächenschicht festklammern oder auf ihr schwimmen. Die graue, schleimige Kruste auf einem versunkenen Baumstamm sieht aus wie eine Flechtendecke, ist aber in Wirklichkeit ein Süßwasserschwamm, ein Kolonialtier, das sich dadurch ernährt, dass es winziges Plankton aus dem Wasser filtert. Ein weiteres anhaftendes Lebewesen ist die kaum sichtbare Hydra; Dieses zweigförmige Raubtier, das mit Meeresquallen verwandt ist, fängt Wasserflöhe und andere Kleintiere mit seinen mehreren giftigen Tentakeln.

Wasserkäfer, Rückenschwimmer, Wasserschiffer und viele andere Lebewesen bewegen sich mit ruckartigen Bewegungen mehr oder weniger frei im Wasser. Zwischen Oberfläche und Boden schweben das Zooplankton, die winzigen Wasserflöhe, Zyklopen, Daphnien und andere, die sich durch das Filtern winziger Algen ernähren. Auf dem Boden und darunter leben fressende Würmer. Wasserläufer laufen auf dem Oberflächenfilm.

Am Ufer jagen Frösche, Salamander, Strumpfbandnattern und Wasserspitzmäuse. Plätscher- und Taucherenten patrouillieren umher und kippen oder tauchen nach den Bodenpflanzen. Elchspuren umrunden das schlammige Ufer. Da John's Lake reichlich Vegetation produziert, beherbergt er eine große Vielfalt an Tieren.

Biberteiche

Es wird geschätzt, dass ganze 10 Prozent der gesamten heutigen Wiesenfläche in den Rocky Mountains vom Biber geschaffen wurden, dem einzigen Tier neben dem Menschen, das weitreichende Veränderungen in der Umwelt herbeiführt , um es seinen eigenen Bedürfnissen anzupassen.

Wenn Biber einen Bach stauen, setzen sie eine andere Form der Sukzession in Gang. Wenn der entstehende Rückstau ein Waldgebiet überschwemmt, sterben die Bäume bald ab und es entsteht eine weite Öffnung im Walddach. Wasserassoziierte Pflanzen und Sträucher dringen schnell in den Teich und die Küstenlinie ein und schaffen einen günstigen Lebensraum für Wasservögel, Elche, Amseln, Amphibien, Stelzvögel, Grasmücken, Sumpffalken und eine Vielzahl anderer Tiere.

Nach vielen Jahren wird das Wasser flacher und füllt sich mit Schlamm und Pflanzenresten. Wenn die Biber das Gelände verlassen, kann der Damm aufgrund mangelnder Wartung reißen und der Teich wird schnell leer. Oder es bleibt bestehen und verzögert die langsame Umwandlung in eine Wiese um mehrere Jahre. Angeregt durch den nährstoffreichen Schlamm verstopfen die Wassergräser, Seggen und Sträucher mit ihren sich ansammelnden Ablagerungen schließlich das Wasser und verwandeln das Gebiet in ein Moor.

Allmählich festigt sich der Boden, da mehr Humus entsteht und mehr Schlamm eingeschlossen wird. Die Fläche wird zu einer Wiese, auf der Gräser, Seggen und andere blühende Pflanzen wachsen. Bäume beginnen wieder in den trockeneren Boden einzudringen, und schließlich verwandelt sich die Wiese wieder in Wald. Es kann Jahrhunderte dauern, bis dieser Zyklus vom Wald zum Teich, zum Moor, zur Wiese und wieder zum Wald durchläuft. In jedem Stadium verändern sich viele der tierischen Bewohner: Der Gesang des Rotkehlchens und das Geplapper eines Eichhörnchens im ursprünglichen Wald vor dem Biber weichen dem Krächzen eines Reihers; der Reiher wird durch den insekten- und beerenfressenden Zedernseidenschwanz ersetzt; Auf den Seidenschwanz folgen das baumbewohnende Rotkehlchen und das Eichhörnchen.

Kalte und tiefe Seen

Ein Flussuferläufer scheint auf seinem eigenen Spiegelbild zu gleiten und nähert sich tief über dem ruhigen Wasser, wobei seine Flügelspitzen fast die Oberfläche des Sees berühren. Es landet am Ufer und faltet seine Flügel. Inmitten der runden Felsen ist dieser schlichte, aber elegante kleine Watvogel so gut wie verschluckt. Ständig schwankend bewegt es sich auf langen Beinen am Wasser entlang, pickt hier und da, kommt immer näher und vergisst nie, anzuhalten und zu knicksen, als ob es den Applaus des Publikums anerkennen würde, während es von der Bühne eilt.

Als es näherkommt, entfernen sich mehrere Wasserläufer vom Ufer. Eine Steinfliege, die zwischen zwei Felsen hin und her huscht, wird geschickt aufgespießt. Ein so großer Bissen bringt den Vogel dazu, innezuhalten , sein Gefieder aufzurauen und dann ins Wasser zu hüpfen, um etwas zu trinken. Erneut schwankend zieht er an mir vorbei und läuft weiter das Ufer hinunter, wo ich ihn bald aus den Augen verliere, als er eine felsige Spitze umrundet.

Ich sitze am Fuße des Lake McDonald, beobachte, wie sich die Dunkelheit über das Tal legt und sehe, wie das letzte Licht bis zu den Spitzen der fernen Berge wandert. Während sich das Tageslicht auflöst, scheint diese lange Flotte vertrauter Gipfel fast in die Dunkelheit zu gleiten, langsam und still wie Segelschiffe.

Die bewegungslose Wasserfläche erstreckt sich viele Kilometer weit zwischen bewaldeten Moränen. Das Wasser ist tief und kalt. Keine aufstrebenden Pflanzen säumen das karge Ufer. Es scheint, als gäbe es in diesem fast tausend Meter hohen See kein Leben außer der einzelnen Möwe, die weit entfernt auf dem Wasser ruht.

■

Angesichts des großen Volumens der großen, tiefen Seen im Glacier-Nationalpark ist das Leben, das sie beherbergen, in der Tat dürftig. Ein großer Teil des Grundes liegt in der Beschaffenheit ihrer Ufer, wo fast keine Pflanzen wachsen. Eine Kombination von Faktoren verhindert die Entwicklung eines üppigen Uferbewuchses.

Diese steilen Seen sind wie Badewannen geformt und weisen schmale oder nicht vorhandene Untiefen an der Küste auf, die für die Produktion von Wurzelpflanzen von entscheidender Bedeutung sind. Starke Wellenbewegungen und starke jahreszeitliche Schwankungen des Pegels dieser natürlichen Stauseen verhindern die Entwicklung auftauchender Wasserpflanzen an Standorten, an denen sie sonst zu erwarten wären.

Da das Sonnenlicht nicht bis zum Grund dieser tiefen Seen vordringen kann, fehlen ihnen auch in der Seemitte verankerte Pflanzen. Daher ist das Leben pflanzenfressender Tiere fast vollständig vom Algenwachstum abhängig. Die Wellenwirkung hemmt die Ausbreitung frei schwebender Algen, indem sie einen Großteil davon an die Küste schwemmt. In tiefen Seen ist außerdem der verfügbare Sauerstoff gering, was die Entwicklung von Bodenzersetzern verhindert, die schnell Nährstoffe freisetzen würden, während sie die in den See gespülten angesammelten Ablagerungen zersetzen. Ohne eine stetige Nährstoffversorgung verlangsamt sich das Pflanzenwachstum.

Da die Nahrungskette von grünen Pflanzen abhängt, hängt die Fähigkeit eines Sees, höhere Tiere wie Fische zu ernähren, zunächst von seiner Fähigkeit ab, ein angemessenes Pflanzenwachstum zu erzeugen. Die Produktion von einem Kilo Forellen erfordert, dass ein See etwa 1.000 Kilo Pflanzen produziert, um 100 Kilo pflanzenfressende Wirbellose zu ernähren, die von 10 Kilo fleischfressenden Insekten gefressen werden, von denen sich die Forellen ernähren.

Im Vergleich zu kleineren flachen Seen, in denen es vor sichtbarem Leben wimmelt, wirken kalte, tiefe, nährstoffarme Seen wie der McDonald-See wie

Wasserwüsten. Aufgrund ihres großen Volumens – Lake McDonald enthält 5 oder 6 Kubikkilometer Wasser – beherbergen diese großen Seen jedoch eine beträchtliche Anzahl von Fischen. Von den 22 im Park vorkommenden Fischarten sind die meisten Kaltwasserarten . Forellen, Weißfische, Äschen, Saugnäpfe, Elritzen und Karpfen übernehmen die Rolle von Pflanzenfressern, Fleischfressern und Aasfressern. Agil, hochmobil und überaus empfindlich sind Fische, die die erfolgreichste Gesamtanpassung an die aquatische Umwelt darstellen.

Durch die Besatzung gebietsfremder Arten, einschließlich Anpflanzungen in ehemals fischfreien Seen, wurden die natürlichen Wassergemeinschaften vieler Seen und Bäche von Glacier dauerhaft verändert.

Aquatische Nahrungsketten sind nicht auf das Wasser beschränkt. Fischadler, Enten, Säger, Otter, Nerze und viele andere semi-aquatische oder landlebende Vögel und Säugetiere nutzen die Pflanzen und Tiere des Wassers. Im Herbst findet am Ausfluss des Lake McDonald ein bemerkenswertes Schauspiel statt. Angezogen von den Kokanee-Lachsbeständen, die vom Flathead Lake kommen, um in diesen klaren, flachen Gewässern zu laichen und zu sterben, sammeln sich Weißkopfseeadler, um die gefährdeten Fische auszubeuten. Im Jahr 1977 wurden bei einer Volkszählung 444 Adler gezählt. Diese Nahrungsressource wird auch von Grizzlybären, Kojoten, Stinktieren, Möwen, Seetauchern und anderen Tieren genutzt. Gelegentlich wurden sogar Weißwedelhirsche beim Verschlucken von Lachs beobachtet!

Sternschnuppen

Dieser Park ist etwas ganz Besonderes. Die Menschen, die es gut kennen, fühlen sich seinen Bergen, verstreuten Seen und Gletschern zu eigen. Vielleicht liegt es an der Beschaffenheit des Landes, einer unübertroffenen Konzentration amerikanischer Wildnis. Immer wieder habe ich gedacht, als ich einen Aspekt dieses Landes betrachtete: *Ja, das ist genau richtig* – fast, so scheint es, als gäbe es eine Magie, die Gedanken und Gefühle in Stein und Rinde übersetzen könnte.

Der Gletscher bleibt weitgehend ungenutzt und trägt immer noch das Aussehen der Erde, das die Indianer seit 500 Generationen kannten – ein Land, in dem man immer noch das Gefühl einer Entdeckung verspüren kann, das Gefühl, dass ein einzelner Mensch zählt. Auf zu vielen Bergen hat der Mensch alles, was er berührt hat, befleckt; Aber hier hat das Land, wie eine Tanne Schnee abstreift, eine lange Reihe von Händlern, Fallenstellern, Entdeckern, Jägern, Landvermessern, Prospektoren, Holzfällern, Siedlern und Touristen abgeworfen.

Sie können den gleichen Weg ein Dutzend Mal gehen, ohne dass Ihnen die Aussicht langweilig wird. Ich habe es aufgegeben, mich zu fragen, warum. Ich weiß nur, dass dies Berge sind, an denen man alt werden kann, und dass das Bergfieber nie nachlässt, sondern nur sein Aussehen verändert, wie es ein Wald über viele Jahre hinweg tut.

Immer wieder ist mir aufgefallen, dass dieser Park eine sofortige Bindung zwischen Fremden schafft. Bei der ersten Erwähnung des Glacier National Park entsteht eine gewisse Pause, und ein Blick der Ferne stellt sich ein, wenn Red Eagle wieder real wird, oder der Wind bei Firebrand in Erinnerung gerufen wird oder die Blumen von Fifty-Mountain wieder auf die Sinne treffen.

Wir werden niemals ausgelöscht. Wenn ein Habicht vorbeirauscht und sich mit seiner sich windenden Ladung Erdhörnchen nach oben drängt, verlangt unser Blut für immer nach mehr. Der Anblick eines rennenden Vielfraßes reicht nicht aus. Auch nicht die prächtige Ansammlung von Weißkopfseeadlern, die sich im November Lachs gönnen. Weitere Tage davon: Bergziegen, die über unmögliche Felsvorsprünge springen, Wellenspuren eines Bibers, der im Morgengrauen nach Wasser greift. Hier gibt es Botschaften, laut wie Eisvögel. Das Land hat Sprachen und Geschichten zu erzählen.

Aber in der Wildnis gibt es keine Moral, außer dass es so weitergehen muss. Trotz all unserer Nachforschungen und Pläne entdecken wir keine angemessene Interpretation der Kräfte, die um uns herum wirbeln. Eine

Lärche, die man berühren muss, um sie kennenzulernen; Ihr Nacken muss den Schmerz spüren, wenn Sie zu oft nach oben schauen. Beobachten Sie seine Baumspitzenpirouette . Wenn Sie dann auf die Weltebene zurückblicken, werden Sie feststellen, dass Sie alle Antworten verloren haben. Wir haben die Kunst gelernt, Brücken zu bauen, Pflanzen zu katalogisieren und vorherzusagen, was eine Spitzmaus tun könnte. Von dem wesentlichen Geheimnis wissen wir nichts.

Denn die Natur weist ihren Geschöpfen keine „Rollen" zu; Es gibt keinen „Grund" für einen Waldbrand, der heftig, aber ohne Absicht brennt. Der einzige „Zweck" des Lebens besteht darin, das Leben zu ernähren, und die Schönheit, die wir darin sehen, ist nur der Mangel an Garantie: Für das Streifenhörnchen und das Wiesel und den Mann, der sein Leben an ihrem misst, gibt es keine Garantie für lange Tage und gemäßigte Jahreszeiten. reichlich Samen, reichlich Fleisch. In der Wildnis gibt es dennoch ein Geheimnis, unvereinfacht , nicht reduziert, strahlend und unermesslich.

Was auch immer das Ende dieses Planeten sein mag, wie viele Akte auch immer in diesem verzehrenden Drama folgen werden – Berge steigen auf, Berge fallen, Wälder, Seen und Meere, die vorbeiziehen wie windgetriebene Wolken vor einem Sturm – zumindest im spärlichen Schatten In diesem gegenwärtigen Zeitalter gibt es eine Art Errungenschaft. Mit diesem Geschöpf Mensch kann man vorerst Dinge wie Berge lieben. Und Männer haben Erinnerungen, die sie füllen können.

Morgen werde ich nach Sternschnuppen suchen – lila Frühlingsblumen, die ihr Feuer nach unten richten, immer nach unten zum Mittelpunkt der Erde, als ob sie in ihrem kurzen Aufenthalt unter der Sonne diesem großartigsten Geheimnis Tribut zollen wollten.

Heute kann ich nichts mehr sagen, da mir der Nacken weh tut, weil ich die Lärchenwipfel sehe , die sich an diesem herrlichen Morgen im Wind wiegen.

Sternschnuppe.

Anhang

Säugetiere des Glacier-Nationalparks

Informationen zur Verbreitung stammen von „*Meet the Mammals of Waterton-Glacier International Peace Park*" von Robert C. Gildart (siehe Leseliste). Die Nomenklatur folgt größtenteils *einem Field Guide to Mammals* von William H. Burt und Richard P. Grossenheider .

Schlüssel zu den Symbolen:

E – kommt östlich der Kontinentalscheide vor (Fichten-Tannen-Wald, Espe, Haufengraswiesen)

W – kommt westlich der Kontinentalen Wasserscheide vor (Wald aus Rotzedern, Hemlocktannen, Lodgepoles, Tannen und Lärchen; einige Wiesen)

A – kommt in alpinen Gebieten vor (oberhalb der Oberkante von zusammenhängendem Wald)

R – selten im Glacier-Nationalpark

Spitzmäuse

Maskierte Spitzmaus, *Sorex cinereus*

O, W, Nadelwälder, Wiesen, Teich- und Bachränder

Landstreicher-Spitzmaus, *Sorex vagrans*

O, W, A, feuchte Wälder und Grasland, Sumpf- und Bachränder

Nördliche Spitzmaus, *Sorex palustris*

E, W, Bachränder

Fledermäuse

Kleine braune Myotis, *Myotis lucifugus*

O, W, Nadelwälder, oft um Gebäude, Höhlen; nachtaktiv

Langohriger Myotis, *Myotis evotis*

E, W, A, R, Nadelwälder, Wiesen; nachtaktiv

Langbeinige Myotis, *Myotis volans*

O, W, A, Nadelwälder, Wiesen; nachtaktiv

Große braune Fledermaus, *Eptesicus fuscus*

E, W, Nadelwälder; oft in der Nähe von Gebäuden, Höhlen; nachtaktiv

Silberhaarige Fledermaus, *Lasionycteris Noctivagans*

E, W, Nadelwälder; Wiesen; nachtaktiv

Graue Fledermaus, *Lasiurus cinereus*

E, W, Nadelwälder; überwiegend nachtaktiv

Puma

Katzen

Rotluchs, *Lynx rufus*

E, offene Wälder, Buschgebiete

Luchs, *Lynx canadensis*

E, W, Nadelwälder

Cougar, *Felis concolor*

E, W, Nadelwälder

Waschbär, Bären

Waschbär, *Procyon Lotor*

O, W, R, offene Wälder, Bachböden

Schwarzbär, *Ursus americanus*

O, W, A, Wälder, Rutschgebiete, Almwiesen

Grizzly, *Ursus arctos*

O, W, A, Wälder, Rutschgebiete, Almwiesen

Kojote

Eckzähne

Rotfuchs, *Vulpes vulpes*

E, Grasland, offener Wald

Kojote, *Canis latrans*

O, W, A, Wälder, Grasland

Grauer Wolf, *Canis lupus*

E, W, R, Nadelwälder

Vielfraß

Langschwanzwiesel

Musteliden

Gestreiftes Stinktier, *Mephitis mephitis*

O, W, offene Wälder, Grasland

Dachs, *Taxidea taxus*

O, W, Grasland

Flussotter, *Lutra canadensis*

O, W, R, Flüsse, Seen

Vielfraß, *Gulo Gulo*

O, W, A, Nadelwälder, Almwiesen

Kleinstes Wiesel, *Mustela rixosa*

E, R, offene Wälder, Grasland

Kurzschwanzwiesel, *Mustela erminea*

O, W, A, Nadelwälder, Wiesen

Langschwanzwiesel, *Mustela frenata*

O, W, A, offene Wälder, Wiesen

Nerz, *Mustela vision*

O, W, Bach- und Seeränder

Marten, *Martes americana*

E, W, A, Nadelwälder

Fisher, *Martes Pennanti*

E, W, R, Nadelwälder

Lagomorphe

Pika, *Ochotona Princeps*

O, W, A, Steinschläge

Schneeschuhhase, *Lepus americanus*

E, W, Nadelwälder

Weißwedelhase, *Lepus townsendii*

O, W, R, Grasland

Eichhörnchen

Graues Murmeltier, *Marmota caligata*

O, W, A, felsige Gebiete, Almwiesen

Richardson-Ziesel, *Spermophilus richardsonii*

E, R, Grasland

Kolumbianisches Erdhörnchen, *Citellus Columbianus*

O, W, A, offene Wälder, Grasland, Almwiesen

Dreizehnzeiliges Erdhörnchen, *Spermophilus tridecemlineatus*

E, R, Grasland

Goldmantel-Eichhörnchen, *Spermophilus lateralis*

O, W, A, hohe, offene Wälder; felsige Gebiete

Am wenigsten Streifenhörnchen, *Eutamias minimal*

O, W, A, hohe, offene Wälder; buschige, felsige Gebiete; Almwiesen

Streifenhörnchen aus Gelbkiefer, *Eutamias Amönus*

O, W, offene Wälder; buschige, felsige Gebiete

Rotschwanzstreifenhörnchen, *Eutamias ruficaudus*

O, W, offene Wälder; buschige, felsige Gebiete

Rotes Eichhörnchen, *Tamiasciurus Hudsonicus*

E, W, Nadelwälder

Nördliches Gleithörnchen, *Glaucomys sabrinus*

E, W, Nadelwälder; nachtaktiv

Taschenratten

Nördlicher Taschenratten, *Thomomys Talpoides*

O, W, A, Wiesen

iber

Biber

Biber, *Castor canadensis*

O, W, Bäche, Seen

Wühlmäuse und Verwandte

Hirschmaus, *Peromyscus maniculatus*

O, W, A, Wälder, Grasland, Almwiesen

Buschschwanz-Waldratte, *Neotoma cinerea*

O, W, A, felsige Gebiete, alte Gebäude

Nördlicher Moorlemming, *Synaptomys borealis*

W, R, Nadelwälder

Berg -Phenacomys , *Phenacomys intermedius*

O, W, A, Nadelwälder, Almwiesen

Boreale Rotrückenmaus, *Clethrionomys Gapperi*

E, W, Nadelwälder

Wiesenmaus, *Microtus pennsylvanicus*

O, W, offene Wälder, Wiesen; entlang von Bächen; sumpfige Gebiete

Langschwanzmaus, *Microtus longicaudus*

O, W, Nadelwälder, Grasland

Wassermaus, *Arvicola richardsoni*

O, W, A, hochgelegene Bach- und Seeränder

Bisamratte, *Ondatra zibethica*

W, Bäche, Seen, sumpfige Gebiete

Westliche Springmaus, *Zapus Princeps*

O, W, A, Grasland, Almwiesen

Reh

Wapiti (amerikanischer Elch), *Cervus canadensis*

O, W, A, offene Wälder, Wiesen

Maultierhirsch, *Odocoileus hemionus*

O, W, A, offene Wälder, Wiesen, oft in großen Höhen

Weißwedelhirsch, *Odocoileus virginianus*

O, W, Nadelwälder, Wiesen, Bach- und Flussböden

Elch, *Alces alces*

O, W, Nadelwälder, Seen, langsame Bäche, sumpfige Gebiete

Bergziege

Rinder

Bergziege, *Oreamnos americanus*

O, W, A, hohe Gipfel und Wiesen

Dickhorn, *Ovis canadensis*

E, A, offene Berggebiete

Reptilien und Amphibien des Glacier National Park

Laut Dr. Royal Brunson von der Montana State University basiert diese Checkliste auf tatsächlichen Exemplaren im Park und anderen Sammlungen.

Reptilien

Große Becken-Strumpfbandnatter, *Thamnophis elegans vagrans*

Eine große Strumpfbandnatter aus Berggebieten, meist mit großen Flecken.

Great Plains Rotseiten-Strumpfbandnatter, *Thamnophis ordinoides parietalis*

Rückenstreifen variieren von gelb bis blau oder schwarz. Wird normalerweise in der Nähe von Wasser gefunden.

Hypothetische Liste:

Gummiboa, *Charina bottae utahensis*

Kann bei Steinschlägen oder möglicherweise in Waldgebieten auf beiden Seiten der Wasserscheide auftreten.

Gopher-Schlange, *Pituophis Raupe sayi*

Kann entlang der Ostgrenze (Great Plains) auftreten.

Gelbbauch-Blauläufer, *Coluber constrictor mormon*

Kann an der Ostgrenze des Parks entlang der Grenze der Great Plains auftreten.

Bemalte Schildkröte, *Chrysemys Bild*

Kann in Teichen und trägen Gewässern von der oberen Sonora-Zone bis zur kanadischen Zone vorkommen.

Westlicher Skink, *Eumeces skiltonianus*

Kann in der Übergangszone entlang der Westgrenze des Parks auftreten.

Nördliche Alligator-Eidechse

Nördliche Alligatoreidechse, *Gerrhonotus coeruleus principis*

Kann in der Übergangszone entlang der Westgrenze des Parks auftreten.

Amphibien

Tigersalamander, *Ambystoma tigrinum Melanostriktum*

Grundfarbe entweder schwarz oder bläulich-schwarz, mit großen gelben Flecken oder Flecken.

Langzehensalamander, *Ambystoma Macrodactylum*

Grundfarbe schwarz oder dunkelbraun; Ein breites gelbes Band erstreckt sich vom Hinterkopf bis zur Schwanzspitze.

Nordwestkröte, *Bufo Boreas Boreas*

Weit verbreitet über den gesamten Park verteilt. (Auch bekannt als Kolumbianische Kröte, Nördliche Kröte oder Westliche Kröte.)

Westlicher Gefleckter Frosch

Westlicher Fleckenfrosch, *Rana pretiosa pretiosa*

Weit verbreitet über den gesamten Park verteilt. (Auch als West- oder Pazifischer Frosch bekannt.)

Grüner Frosch, *Rana clamitans*

Ein Exemplar aus Bowman Lake. (Chicago Natural History Museum)

Schwanzfrosch, *Ascaphus wahr*

Sollte ziemlich häufig vorkommen, obwohl es nicht oft eingenommen wird.

Pazifische Baumkröte, *Hyla regilla*

Geringe Größe und Scheiben an Fingern und Zehen kennzeichnen diese Art. Im gesamten Park verbreitet.

Fische des Glacier-Nationalparks

Klassifizierung und gebräuchliche wissenschaftliche Namen stammen aus: „A List of Common and Scientific Names of Fishes from the United States and Canada", Veröffentlichung Nr. 2 der American Fisheries Society, 1960.

Schlüssel zu den Symbolen:

N Arten, die in mindestens einem großen Einzugsgebiet des Parks heimisch sind .

I Nicht heimische Arten, die vom Menschen in die Gewässer des Parks eingeführt wurden.

SA-Art mit sportlichen Qualitäten und geschätzt für das Freizeitangeln.

1 Waterton-Entwässerung

2 Entwässerung des Belly River

3 Schnellströmungsentwässerung _

4 St. Mary Entwässerung

5 Zwei-Medikamenten-Drainage

6 Middle Fork Flathead River Drainage (außer McDonald Valley)

7 McDonald Valley-Entwässerung

8 Entwässerung des North Fork Flathead River

Seeforelle

Familie *Salmonidae* (Forellen , Felchen und Äschen)

Weißfisch, *Coregonus clupeaformis* (I) (1, 2, 3, 4, 7)

Zwergweißfisch, *Prosopium Coulteri* (N) (7)

Bergweißfisch, *Prosopium williamsoni* (N) (S) (1, 2, 3, 4, 5, 6, 7, 8)

Kokanee-Lachs (Rotlachs), *Oncorhyncus nerka* (I) (S) (3, 7, 8)

Halsabschneiderforelle, *Salmo clarki* (N) (S) (1, 2, 3, 4, 5, 6, 7, 8)

Regenbogenforelle, *Salmo gairdneri* (I) (S) (1, 2, 3, 4, 5, 7)

Bachforelle, *Salvelinus Fontinalis* (I) (S) (1, 2, 3, 4, 5, 6, 7)

Dolly Varden , *Salvelinus malma* (N) (S) (1, 2, 3, 4, 6, 7, 8)

Seeforelle, *Salvelinus namaycush* (N) (S) (1, 2, 4, 5, 7, 8)

Arktische Äsche, *Thymallus arcticus* (I) (S) (2, 8)

Familie *Esocidae* (Hecht)

Hecht, *Esox lucius* (N) (S) (1, 2, 3)

Redside Shiner

Familie *Cyprinidae* (Elritzen und Karpfen)

Langnasen-Dace, *Rhinichthys Katarakte* (N) (2, 3, 4, 5, 6, 7, 8)

Nördlicher Perlenstrauch, *Margariscus margarita* (N) (3, 5)

Redside Shiner, *Richardsonius balteatus* (N) (7, 8)

Stromlinien-Döbel, *Hybopsis dissimilis* (N) (1, 3)

Nördlicher Squawfish, *Ptychocheilus oregonensis* (N) (7, 8)

Weißer Trottel

Familie *Catostomidae* (Sauger)

Weißer Sauger, *Catostomus commersoni* (N) (1, 2, 3, 4, 5)

Großräumiger Saugnapf, *Catostomus Macrocheilus* (N) (6, 7, 8)

Langnasensauger, *Catostomus catostomus* (N) (1, 2, 3, 4, 5, 6, 7, 8)

Familie *Gadidaie* (Kabeljau und Seehecht)

Quappe, *Lota lota* (N) (S) (1, 4)

Familie *Cottidae* (Skorpione)

Gefleckte Groppe, *Cottus bairdi* (N) (5, 6, 7, 8)

Löffelkopf-Skorpion, *Cottus ricei* (N) (1, 2, 3, 4)

Birds of Glacier Nationalpark

Schlüssel zu den Symbolen:

E – kommt auf der Ostseite des Parks vor (östlich der Wasserscheide)

W – kommt auf der Westseite des Parks vor (westlich der Wasserscheide)

A – kommt in alpinen Gebieten vor

ab – reichlich

c – häufig

u – ungewöhnlich

r – selten

Ich stellte ... vor

a – zufällig

Gemeiner Seetaucher

Seetaucher

Seetaucher E, W, ab

Arktischer Seetaucher?

Rotkehltaucher?

Westlicher Haubentaucher

Haubentaucher

Rothalstaucher E, W, ca

Gehörnter Haubentaucher E, W, ab

Ohrentaucher E, W, c

Westtaucher E, W, u

Trauerschnabeltaucher O, W, r

Pelikane, Kormorane

Weißer Pelikan E, W, u

Doppelhaubenkormoran E, r

Großer Blaureiher

Amerikanische Rohrdommel

Reiher, Rohrdommeln

Großer Blaureiher E, W, ca

Schwarzkronen-Nachtreiher a

Amerikanische Rohrdommel, W, r

Stockente

Waldente

Ruddy Duck

Schwan, Gänse, Enten

Pfeifender Schwan E, W, ab

Trompeter Swan E, W, r

Kanadagans E, W, c

Schneegans E, W, c

Ross' Gans E, W, r

Stockente E, W, ab

Gadwall E, W, r

Spießente E, W, c

Grünflügelkrickente O, W, ca

Blauflügelkrickente E, W, u

Zimtblaugrün E, W, u

Europäische Pfeifente E, W, c

Amerikanischer Pfeifenten E, W, ab

Northern Shoveler E, W, c

Waldente E, W, r

Rothaarige E, W, c

Ringelente E, W, u

Canvasback E, W, u

Kleiner Scaup O, W, c

Großer Scaup?

Gewöhnliches Goldauge E, W, c

Barrows Goldeneye E, W, ab

Bufflehead E, W, u

Harlekin-Ente E, W, c

Weißflügelentrebe O, W, r

Ruddy Duck E, W, c

Kapuzensänger E, W, u

Gänsesäger E, W, ab

Rotbrüstiger Prototyp, O, W, u

Coopers Falke

Marsh Hawk

Geier, Falken, Adler

Truthahngeier O, W, r

Habicht E, W, c

Scharfhäutiger Falke E, W, u

Cooper's Hawk E, W, u

Rotschwanzbussard E, W, ca

Rotschulterbussard a

Swainsons Falke E, W, c

Raubeinbussard O, W, r

Eisenhaltiger Falke E, W, u

Steinadler, O, W, A, c

Weißkopfseeadler, O, W, ab

Marsh Hawk E, W, ab

Fischadler E, W, ab

Präriefalke O, W, A, r

Wanderfalke O, W, r

Amerikanischer Turmfalke E, W, ca

Scharfschwanzhuhn

Schneehühner, Schneehühner

Blauhuhn, E, W, ab

Fichtenhuhn E, W, ab

Halshuhn E, W, ab

Spitzschwanzhuhn E, r

Weißwedelschneehuhn A, ca

Weidenschneehuhn ?

Ringelfasan E, W, r, i

Graues Rebhuhn E, W, r, ich

Kräne

Kanadakranich E, r

Amerikanisches Blässhuhn

Schienen, Blässhühner

Sora E, W, r

Amerikanisches Blässhuhn E, W, ab

Großer Gelbschenkel

Watvögel

Killdeer E, W, c

Schwarzbauchregenpfeifer E, r

Bekassine O, W, c

Großer Brachvogel E, r

Upland Sandpiper E, r

Gefleckter Flussuferläufer E, W, A, ab

Einsamer Flussuferläufer E, r

Willet, E, r

Brustwasserläufer E, r

Bairds Flussuferläufer E, W, r

Kleine Gelbschenkel, E, W r

Großer Gelbschenkel von Osten, Westen und rechts

Amerikanischer Säbelschnäbler E, W, u

Nördlicher Phalarope O, W, r

Wilsons Phalarope E, W, u

Schwarzer Steinwälzer?

Langschnabel-Dowitcher E, W, r

Silbermöwe

Möwen, Seeschwalben

Silbermöwe O, W, r

Kalifornische Möwe E, W, ab

Ringschnabelmöwe E, W, ca

Franklins Möwe E, W, c

Bonapartes Möwe E, u

Forsterseeschwalbe E, W, u

Flussseeschwalbe E, r

Raubseeschwalbe a

Trauerseeschwalbe E, W, u

Trauernde Taube

Tauben, Tauben

Bandtaube O, W, r

Trauertaube E, W, c

Rock Dove E, W, r, ich

Große, ehrenwerte Eule

Eulen

Kreischeule E, W, r

Virginia-Uhu O, W, ab

Schneeeule E, W, u

Sperbereule E, W, u

Sperlingskauz E, W, ab

Streifenkauz E, W, c

Bartkauz E, W, u

Waldohreule O, W, r

Sumpfohreule, O, W, ca

Raufußkauz O, W, r

Sägezahn-Eule E, W, u

Gewöhnlicher Nachtfalke

Nachtschwärmer, Mauersegler

Gewöhnlicher Nachtschwärmer E, W, ab

Black Swift E, W, u

Vaux's Swift E, W, ab

Weißkehlsegler W, A, r

Kolibri

Breitschwanzkolibri O, W, r

Rufous Kolibri E, W, A, ab

Calliope-Kolibri E, W, A, ab

Schwarzkinnkolibri O, W, r

Eisvogel mit Gürtel

Eisvögel

Eisvogel mit Gürtel E, W, ab

Spechte

Gemeinsames Flimmern E, W, ab

Helmspecht E, W, ab

Rotkopfspecht O, W, r

Lewis' Specht E, W, c

Gelbbauch-Saftsauger E, W, ab

Williamsons Sapsucker E, W, u

Haarspecht E, W, ab

Falscher Specht E, W, ab

Schwarzrücken-Dreizehenspecht E, W, ab

Nördlicher Dreizehenspecht O, W, ab

Aschenkehlschnäpper

Fliegenfänger

Östlicher Königsvogel O, W, ab

Westlicher Königsvogel E, W, u

Eschenkehlschnäpper a

Say's Phoebe E, W, r

Weidenschnäpper E, W, c

Hammonds Fliegenfänger E, W, ab

Olivgrüner Fliegenfänger O, W, ab

Westlicher Fliegenfänger E, r

Western Wood Peewee E, W, c

Lerchen

Gehörnte Lerche E, W, A, ab

Rauchschwalbe

Schwalben

Violettgrüne Schwalbe E, W, A, ab

Baumschwalbe E, W, ab

Uferschwalbe E, W, ab

Rauhflügelschwalbe E, W, u

Rauchschwalbe E, W, u

Cliff Swallow E, W, A, ab

Krähe

Eichelhäher, Elstern, Krähen

Gray Jay E, W, ab

Blue Jay E, W, r

Stellers Jay E, W, ab

Schwarzschnabelelster E, W, ab

Kolkrabe E, W, A, ab

Krähe E, W, ab

Clarks Nussknacker E, W, A, ab

Meisen

Schwarzkopfmeise E, W, ab

Bergmeise E, W, ab

Boreale Meise O, W, r

Kastanienrückenmeise E, W, u

Kleiber, Creepers

Weißbrustkleiber E, W, u

Rotbrustkleiber E, W, ab

Brown Creeper E, W, ab

Winterzaunkönig

Wasseramsel, Zaunkönige

Dipper E, W, A, ab

House Wren E, W, u

Winterzaunkönig E, W, ab

Langschnabel-Sumpfzaunkönig a

Rock Wren E, W, u

Catbirds, Thrasher

Grauer Katzenvogel E, W, u

Bergdrossel

Drosseln, Drosseln, Solitäre

Amerikaner Robin E, W, A, ab

Abwechslungsreiche Drossel E, W, ab

Einsiedlerdrossel E, W, ab

Swainson- Drossel E, W, ab

Veery E, W, c

Western Bluebird O, W, r

Bergdrossel E, W, A, ab

Townsend's Solitaire E, W, A, ab

Kinglets

Goldkronenkönig E, W, ab

Rubingekröntes Kinglet E, W, ab

Pipits

Wasserpieper E, W, A, ab

Zedernseidenschwanz

Seidenschwänze

Böhmischer Seidenschwanz E, W, ab

Zedernseidenschwanz E, W, ab

Würger

Unechter Karettwürger O, W, r

Nordwürger O, W, r

Star

Stare

Starling E, W, c, ich

Rotäugiger Vireo

Vireos

Einsamer Vireo E, W, ab

Rotäugiger Vireo E, W, ab

Trällerer Vireo E, W, ab

Trällerer

Schwarz-Weißer Waldsänger W, r

Tennessee Warbler O, W, r

Orange-gekrönter Waldsänger O, W, r

Nashville Warbler E, W, r

Gelber Waldsänger O, W, ab

Gelbbüschelrohrsänger O, W , ab

Townsends Waldsänger E, W, ab

Nördliche Wasserdrossel O, W, ab

MacGillivrays Waldsänger E, W, ab

Gemeiner Gelbkehlchen E, W, ab

Wilsons Waldsänger E, W, ab

Amerikanischer Gartenrotschwanz E, W, ab

Gelbbrüstiger Chat?

Haussperling

Weberfinken

Haussperling E, W, r, ich

Amseln, Orioles

Bobolink E, r

Western Meadowlark E, W, u

Rotschulterstärling E, W, ab

Nördlicher Pirol O, W, r

Brewer's Blackbird E, W, u

Rusty Blackbird E, W, r

Gelbköpfige Amsel E, r

Grackle E, r

Braunköpfiger Cowbird O, W, ca

Abend-Kernbeißer

Tanager, Kernbeißer

Westlicher Tanager E, W, ab

Abend-Kernbeißer E, W, ab

Kiefern-Kernbeißer E, W, ab

Schwarzkopf-Kernbeißer O, W, r

Amerikanischer Stieglitz

Finken, Spatzen, Ammern

Lazuli-Ammer Ost, West, ca

Lark Bunting E, W, r

Schneeammer E, W, c

Cassin-Fink E, W, A, ab

Graukronenrosenfink E, W, A, ab

Amerikanischer Stieglitz E, W, u

Gewöhnlicher Birkenzeisig E, W, c

Kiefernzeisig E, W, A, ab

Roter Fichtenkreuzschnabel E, W, ab

Weißflügel-Fichtenkreuzschnabel E, W, u

Rufous-seitiger Towhee E, W, u

Grünschwanz-Towhee O, W, r

Savannah Sparrow E, W, c

LeContes Spatz E, W, u

Vesper Sparrow E, W, ab

Feldsperling O, W, r

Chipping Sparrow E, W, A, ab

Brauersperling O, W, r

Harris' Sparrow O, W, r

Weißkronensperling E, W, A, ab

Fuchssperling E, W, A, ab

Lincolns Spatz E, W, A, c

Singsperling E, W, ab

Dunkeläugiger Junco E, W, c

McCowns Longspur E, c

Lappland Longspur O, W, c

Kastanienhalsband-Langsporn E, ca

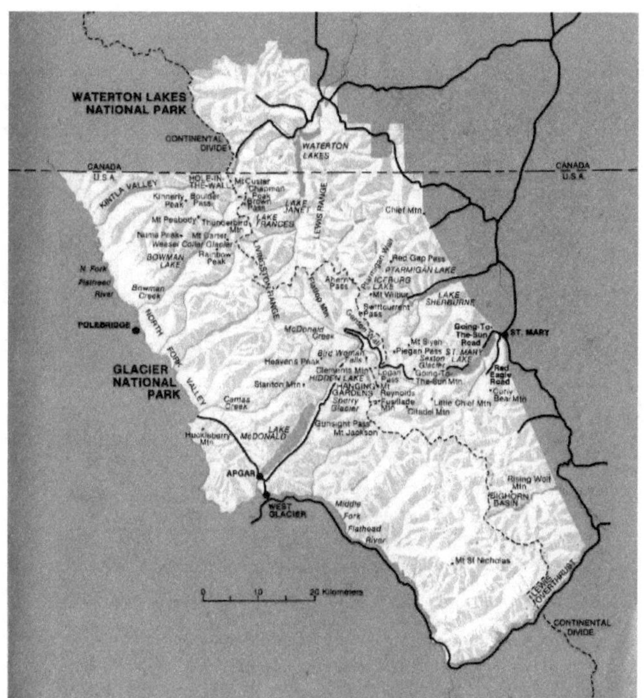

WATERTON LAKES NATIONALPARK – GLACIER NATIONALPARK

Verwenden von Metriken

Zum Zeitpunkt der Drucklegung dieses Buches befinden sich die Vereinigten Staaten in einem frühen Stadium der Umstellung auf das metrische Maßsystem, und obwohl wir Sie dringend bitten, metrisch zu denken — was in den meisten Teilen der Welt der Fall ist —, stellen wir Ihnen diese Tabelle zur Verfügung, um Ihnen das Verständnis zu erleichtern die im Buch angegebenen Maße.

Zum Konvertieren von	Zu	mal
Millimeter	Sechzehntel Zoll	0,6301
Zentimeter	Zoll	0,3937
Meter	Füße	3.2808
Kilometer	Meilen	0,6214
Hektar	Hektar	2.4711
Hektar	Quadratmeilen	0,00386

Gramm	Feinunzen	0,0322
Kilogramm	Pfund	2.2046
Grad Celsius	Grad Fahrenheit	1,8 und addiere 32

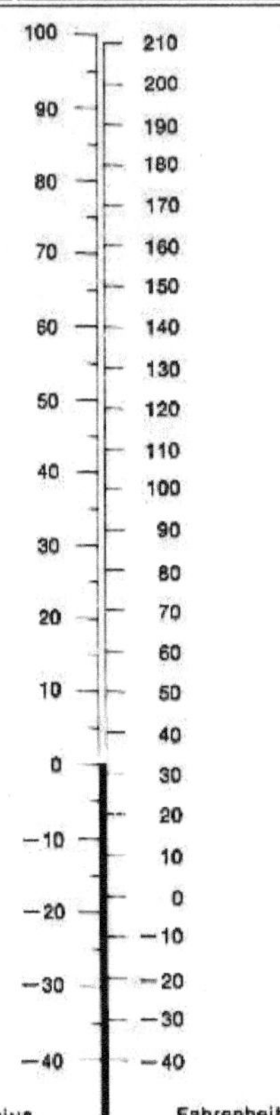

Temperatur-Umrechnungstabelle

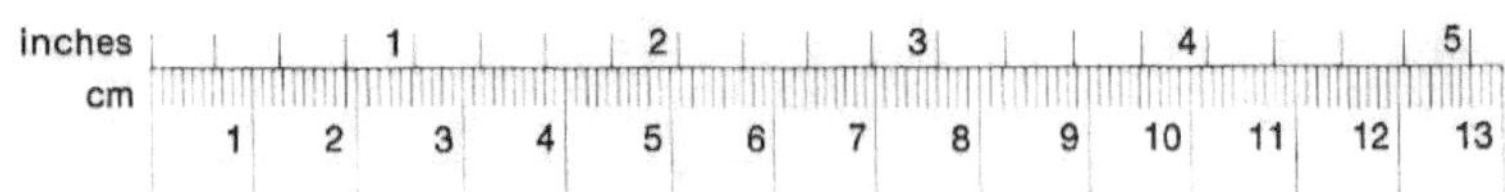

Längenumrechnungstabelle

Zeichnungen von David S. Shea, *Animal Tracks of Glacier National Park*

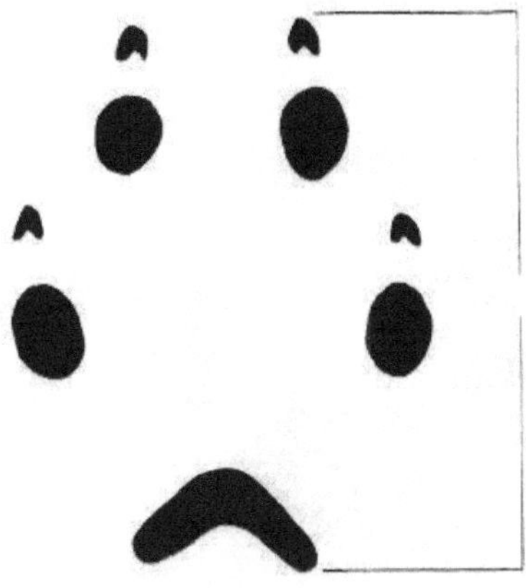

Rotfuchs,
Hinterfuß, im Schlamm 53 mm.

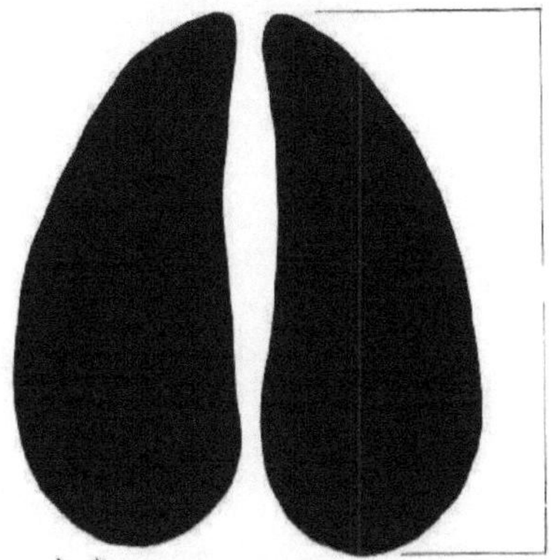

Maultierhirsch,
ausgewachsener Bock, im Schnee 72 mm.

Dachs,
linker Vorderfuß, im Schlamm 43 mm.

Kojote,
Hinterfuß, im Schnee 63 mm.

Über den Autor

Greg Beaumonts Interesse am Glacier National Park geht auf das Jahr 1963 zurück, als er Sommerangestellter in der Lake McDonald Lodge war. Im Jahr 1966 waren er und seine Frau Feuerwachen auf dem Numa Ridge im Bowman Valley. Heute ist er freiberuflicher Autor und Fotograf und lebt mit seiner Familie in Lincoln, Nebraska.